KB088834

식물의 왕국

식물의 왕국

윌 벤슨

이한음 옮김

까치

KINGDOM OF PLANTS :
A Journey Through Their Evolution

by Will Benson

역자 이한음
서울대학교 생물학과를 졸업했다. 저서로 과학 소설집 『신이 되고 싶은 컴퓨터』
가 있으며, 역서로 『DNA : 생명의 비밀』, 『유전자, 여자, 가모브』, 『살아 있는 지구
의 역사』, 『조상 이야기 : 생명의 기원을 찾아서』, 『생명 : 40억 년의 비밀』, 『암 : 만
병의 황제의 역사』, 『현혹과 기만 : 의태와 위장』, 『위대한 생존자들』, 『낙원의 새를
그리다』 등이 있다.

편집, 교정_권은희(權恩喜)

식물의 왕국

저자 / 윌 벤슨
역자 / 이한음
발행처 / 까치글방
발행인 / 박종만
주소 / 서울시 마포구 월드컵로 31(합정동 426-7)
전화 / 02 · 735 · 8998, 736 · 7768
팩시밀리 / 02 · 723 · 4591
홈페이지 / www.kachibooks.co.kr
전자우편 / kachisa@unitel.co.kr
등록번호 / 1-528
등록일 / 1977. 8. 5
초판 1쇄 발행일 / 2013. 10. 15
    2쇄 발행일 / 2014. 5. 30
값 / 뒤표지에 쓰여 있음
ISBN 978-89-7291-555-3   03480

이 도서의 국립중앙도서관 출판시도서목록(CIP)은 서지정보유통지원시스템 홈페이지(http://seoji.
nl.go.kr)와 국가자료공동목록시스템(http://www.nl.go.kr/kolisnet)에서 이용하실 수 있습니다.
(CIP 제어번호: CIP2013019483)

차례

서문

　우리 자신을 비롯하여 지구의 대다수 생물들은 식물의 다양성에 기대어 살아간다. 식물은 우리가 마시는 산소를 공급한다. 또 우리가 매일 먹고 마시는 음식과 물, 우리를 건강하게 지켜주는 약물, 편안히 살아가는 건물, 기쁨을 주는 음악, 독서, 원예, 농사, 수목 재배, 자연탐사를 생각해보라.

　이 책은 식물의 진화, 현화식물의 경이로움, 식물의 다양한 형태와 기능, 지구에서 식물이 차지하는 핵심적인 지위를 과학적으로 살펴봄으로써, 식물 세계의 놀라운 측면들을 소개한다. 전 세계가 유례없는 변화에 직면한 오늘날까지 식물은 진화하는 내내 우리의 행성에 근본적인 영향을 미치고 있으며, 이 책에는 그 풍성한 이야기가 담겨 있다.

　원시 바다에서 처음 광합성이 진화하는 장면에서부터 식물이 육지로 올라와서 건조한 환경을 이겨내고 식물체와 꽃가루, 씨가 진화하는 사건에 이르기까지, 이 책에 실린 이야기들을 따라 식물의 진화 여정을 되짚어보니 절로 흥분이 치솟는다. 약 40만 종으로 추정되는 다양한 현화식물 앞에서 경이로움을 느끼지 않을 사람이 과연 누가 있겠는가? 그 무수한 식물들이 어떻게 출현했는지를 이해하려는 아름답기 그지없는 지적인 도전 과제에 혹하지 않을 사람이 또 누가 있겠는가? 이 책은 최신의 연구 결과를 바탕으로 아주 쉽게 그 이야기를 풀어나간다.

　식물이 우리에게 어떤 쓸모가 있으며, 실제로 어떻게 활용되는가에 더 관심이 많은 독자들도 마찬가지로 이 책에서 호기심을 충족시킬 수 있다. 식물은 우리에게 산소를 공급하고 지구의 기후를 조절하는 일을 하는 동시에, 생명의 그물을 짤 풍성한 토대를 제공하며, 국가와 민족에 상관없이 모든 인간의 삶에 기여한다.

　이 책에서 특히 매혹적인 대목은 역대 식물학자들과 시대를 초월한 그들의 통찰력에 찬사를 바치는 부분이다. 찰스 다윈은 생애의 마지막 20년을 주로 식물을 실험하면서 보냈다. 그러면서 식물이 자연선택을 통한 진화를 보여주는 사례로서 가치가 있음을 깨달았다. 비록 지질학과 동물학을 다룬 다윈의 저서들이 더 유명하지만, 그는 식물을 다룬 책을 더 많이 출간했고 그의 일지에도 식물에 관한 내용이 더 많다. 오늘날에는 역대 식물학자들을 모두 합친 것보다 더 많은 식물학자들이 활동하고 있으며, 그들은 야외와 연구실에서 수많은 발견들을 열심히 하고 있다.

식물 다양성을 탐사하는 과정은 아직 끝이 보이지 않는다. 지금도 열대우림의 나무에서 온대 지역(특히 남반구)의 화려한 관목과 난초에 이르기까지, 해마다 세계 각지에서 약 2,000종에 이르는 새로운 식물이 발견된다. 식물 다양성이 인류의 생존과 생계의 기반이라는 점은 의심의 여지가 없지만, 우리는 우려할 만한 속도로 그 다양성을 파괴하고 있다. 현재 식물 5종 가운데 1종이 멸종 위기에 놓인 것으로 추정된다.

급속히 변하는 오늘날의 세계에서 식물 다양성은 일종의 전환점에 놓여 있다. 식물을 더 적극적으로 보전하고 지속 가능하게 이용하는 방향으로 근본적인 변화가 일어나지 않는다면, 우리의 미래는 진정으로 암울할 것이다. 따라서 대중이 관심을 가지도록 이 점을 혁신적인 방식으로 전달하는 것이 대단히 중요하다. 나는 최근에 영국 큐 왕립 식물원이 데이비드 애튼버러 경, 애틀랜틱 제작사와 함께 식물이 어떻게 진화했으며, 어떤 역할을 하는지를 다룬 경이로운 다큐멘터리 시리즈인 「식물의 왕국 3D」를 만들었다는 소식을 듣고 무척 기뻤다. 식물의 경이로움을 느끼고 우리가 살아가는 이 행성의 모든 생물이 식물에 기대고 있음을 이해하려는 모든 이들에게 그 시리즈와 이 멋진 책을 권한다.

2012년 4월
큐 왕립 식물원 원장 겸 수석 과학자
스티븐 D. 호퍼

데이비드 애튼버러가 말하는 『식물의 왕국』

"식물이 자라고 곤충이 꽃을 찾는 광경을
지켜보는 일은 언제나 경이롭지만, 3D로 보면
초월적인 경험을 맛보게 된다.
깊이라는 차원을 추가하여 그런 일이 벌어지는 광경을
지켜볼 때, 가장 놀라우면서 생생한 감동을 느낀다.
도저히 잊을 수 없는 경험이다."

— 데이비드 애튼버러

식물 세계의 다양성과 화려함을 탐사하는 이 책은 애틀랜틱 제작사에서 3D로 제작한 기념비적인 다큐멘터리 시리즈인 「데이비드 애튼버러와 함께하는 식물의 왕국 3D」에 맞추어 쓴 것이다. 애튼버러의 방송 경력 60년을 기념하여 첨단 입체 영상 기법으로 제작된 이 혁신적인 3D 시리즈에서, 그는 식물 세계의 가장 경이로운 장관들을 보여준다. 큐 왕립 식물원에서 1년에 걸쳐 촬영된 이 다큐멘터리는 꽃이 활짝 피는 모습을 시간별로 담고, 식물과 곤충의 상호작용을 세밀하게 포착하고, 식충식물과 신비한 난초의 모습을 상세하게 보여줄 뿐만 아니라, 이 모습들을 3차원으로 담은 최초의 영상이다. 식물이 어떻게 처음에 육지에 출현했으며, 자연 세계에서 어떻게 지금의 자리에 이르게 되었는지를 생생하게 보여주는 작품이다.

1
식물의
진화

"식물은 육지로 올라오자
곧 모양과 크기가 다양해지기
시작했다."

　지난 5억 년 동안 식물은 경이로운 진화여행을 하면서 지구의 조성 자체를 바꾸어왔다. 이 여행은 산성을 띤 어두컴컴한 세계에서 시작되었고, 풍부한 색채와 화려한 모양과 매혹적인 향기로 가득한 오늘날의 세계에서도 계속되고 있다.

　이 놀라운 진화여행을 하면서 식물이 내딛은 한걸음 한걸음이 더해져서 오늘날 우리가 사는 세계를 빚어냈다. 식물이 어떻게 모든 환경에서 살고 번성할 수 있는지, 그 놀라운 능력을 밝혀내려면 이 행성의 식물들이 엮은 풍성한 생명의 그물을 한올 한올 풀어내는 수밖에 없다.

　시작은 초라했지만, 식물은 점점 더 복잡해지면서 지구의 생명에 점점 더 중요한 역할을 맡게 되었다. 이 지구에서 식물이 계속 번성해야만 땅 위를 걷는 동물들이 살아갈 수 있다. 인류가 존재할 수 있었던 것도 식물이 번성한 덕분이다. 우리에게 앞으로도 오랫동안 종(種)으로서 존속할 수 있는 공간을 제공하는 것도 식물이다.

　기나긴 세월에 걸쳐, 식물들은 세계 무대에서 각자 자신의 생태 지위를 만들면서 점점 더 나뉘고 분화했다. 각각의 식물은 진화적으로 일종의 집중 조명을 받기 위해서 노력한다. 즉 자신의 유전자를 증식하고 퍼뜨릴 기회를 얻으려고 매진한다. 식물이 여행을 시작했을 무렵, 광합성(光合成, photosynthesis)이 출현했

위 **모르포나비**(*Morpho peleides*)
오늘날 식물은 상호 연결된 종들로 이루어진 방대한 생태계를 지탱한다.

맞은편 **목련속 식물**(*Magnolia* sp.)
유럽에 도입된 많은 종들 가운데 하나로 지금은 흔히 볼 수 있다.

다. 광합성은 생물이 에너지를 획득하는 방식을 혁신한 탁월한 메커니즘이며, 그 발전소 덕분에 식물은 생장하고 경쟁할 수 있었다. 출연 배우인 식물은 그 다음 장면에서 고향인 물을 떠나 바깥으로 나오는 중대한 도약을 감행한다. 바로 육지로 올라온 것이다. 이 무대의 주역들이 실제로 등장하는 것은 바로 이 시점부터이다. 그들은 구조를 지탱하는 목질부(木質部)를 개발하여 키가 커지고 단단해짐으로써 새로운 높이에 도달할 수 있었다. 또 단단히 박힌 거대한 뿌리와 공기를 순환시키는 드넓은 수관(樹冠)을 갖추게 되었다. 다시 수억 년을 건너뛰면, 우리는 최초의 꽃과 마주친다. 종(種)이 엄청나게 늘어날 것이며, 곤충과 식물 사이에 경천동지할 연애사가 벌어질 것이고, 일부 식물이 동물 세계와 긴밀하게 엮이는 일련의 사건들이 일어날 것임을 알리는 첫 신호가 울릴 것이다. 이때부터 이야기는 전개 속도가 빨라지며, 우리는 생물 다양성이 풍부하고, 지구의 식물상과 동물상이 복잡하게 연결을 맺는 시대로 들어선다. 이제 식물과 동물 사이에서 놀랍기 그지없는 관계들을 발견할 수 있으며, 한 가지 형태의 단순한 식물에서부터 진화한 수많은 다양한 종들을 볼 수 있다. 그리고 식물 이야기의 가장 중요한 장들은 여전히 쓰이고 있다.

1800년대 초부터 새로운 땅을 찾아 지도에 기입하고 잘 꾸며진 온실을 채울 희귀하고 아름다운 식물 표본을 찾기 위해서 무수한 탐사가 이루어졌다. 곧 식물 사냥의 황금기가 시작되었고, 그와 더불어 인류는 식물 세계에 매혹되기 시작했다. 이 선구자들의 정신은 오늘날 세계 유수의 식물원과 연구소에 살아 있다. 이런 기관들에서 일하는 생물학자들과 생태학자들 덕분에 우리는 지구의 생물 다양성을 예전보다 훨씬 더 많이 이해할 수 있게 되었다. 바로 이 식물학자들과 보호론자들이야말로 지구의 종들의 미래를 확보할 사람들이다.

식물의 기원을 찾으려면 30억 년 전의 지구를 방문해야 한다. 이 시기에 하늘은 어디나 검은 기체로 가득했고, 지상은 화산활동이 벌어지는 분화구에서 뿜어져나오는 역한 기체로 자욱했다. 그리고 따뜻하고 얕은 열대 바다의 바닷물이

위 **스트로마톨라이트**
오스트레일리아 샤크 만에 있는
이 화석은 지구에서 가장 오래된
생명체가 만들어낸 것이다.

마그마로부터 막 형성된 섬의 해안에서 철썩거렸다. 우리가 시생대(始生代, Archaeozoic Era)라고 알고 있는 시기이다. 이 고대 바다의 물속에서는 작은 단세포 생물들이 탁한 침전물들 사이를 떠다녔다. 이 기본적인 미세 세포들은 초기 세균들이었고, 그저 원시적인 단백질 몇 개를 감싸고 있는 단순한 막이나 다름없었다. 이 세포들은 뭉쳐져서 고대의 해저에서 점액층을 형성했다.

세균은 고대의 대기를 뚫고 들어온 태양의 근적외선을 흡수하면서 살아남았다. 세균은 물에서 섭취한 이산화탄소와 수소 화합물을 이 빛을 이용하여 황산염이나 황으로 전환하면서 영양분을 합성한다. 이 기초적인 화학적 전환이 단순하고 사소해 보일지 몰라도, 사실 이 행성의 모든 식물은 이 전환과정에서 기원했다. 이 화학적 전환이야말로 현재 지구의 모든 식물과 동물 종들이 궁극적인 에너지원으로 삼고 있는 메커니즘이다. 이것이 바로 광합성, 즉 빛 에너지를 이용하여 생명에 필요한 유기물을 만드는 과정이다.

이 최초의 광합성 세균은 세포벽 안에 빛을 흡수하는 색소 다발을 가지고 있었다. 이 색소를 세균엽록소(細菌葉綠素, bacterio chlorophyll)라고 하며, 엽록소의 앞선 형태였다. 이 초기 세포가 태양 에너지를 이용하여 성장하고 움직이는 데에 쓸 수 있는 유기화합물과 당(糖)을 만드는 능력을 획득한 것은 진화적으로 크나큰 진전이었다. 이 시생대 세균은 이제 더 이상 침전물에서 얻을 수 있는 영양물질인 단순한 화학물질만을 흡수하면서 살지 않았다. 세균은 시생대 바다 전역에서 점진적으로 적응방산(適應放散, adaptive radiation)을 거치면서 발달하고 적응해갔으며, 수억 년에 걸쳐 확연히 진화했다.

그러다가 약 27억 년 전, 이 생물들의 에너지 활용능력에 또다른 진전이 이루어졌다. 초기 세균 외에 새로운 세포, 즉 남세균(藍細菌, cyanobacteria)이 출현했다. 초기 세균이 태양의 근적외선—우리 눈에는 보이지 않는—을 이용하는 반면, 남세균의 빛 흡수기관에 들어 있는 색소는 가시광선을 흡수하여 화학물질을 분해함으로써 양분을 만들 수 있도록 진화했다. 가시광선을 더 효율적으로 흡수할 수 있도록, 그들은 오늘날 우리가 엽록소라고 부르는 것의 몇 가지 형태뿐 아니라, 피코빌린(phycobilin)과 카로테노이드(carotenoid)라는 훨씬 더 다양한 광합성 색소들도 개발했다.

새로운 색소들이 출현하여 흡수할 수 있는 빛의 파장이 달라짐에 따라, 소화할 수 있는 화학물질의 종류도 달라졌다. 광합성 세균이 출현한 이래로 3억 년 동안, 광합성의 부산물은 황을 포함한 기체였다. 그러나 남세균은 단순하지만 생명 활동에 대단히 중요한 분자인 산소를 부산물로 내놓았다.

원시 세계에서 산소를 뿜어내는 남세균이 얼마나 번성했는지를 잘 보여주는 화석이 있다. 수십, 수백억 개의 남세균 세포들이 모여 이룬 거대한 군체가 시생대와 원생대(原生代, Proterozoic Era)에 쌓인 퇴적층 속에 화석으로 남아 있다. 20억 년에 걸친 생명의 기록인 이 화석들은 지구 역사에 있었던 하나의 중요한 전환기를 대변한다. 남세균이 바다에서 이산화탄소를 흡수하고 물속으로 산소를 방출했을 때, 이 산소 중 일부는 물 바깥의 대기로 빠져나가서, 무게가 수만 톤에 이르는 거대한 구름을 만들기 시작했다. 그와 동시에—아직 확실히 밝혀지지 않은 어떤 이유로—대기에 있던 수소 같은 다른 기체들은 양이 줄어들기 시작했다. 대기의 수소가 감소함에 따라, 산소는 축적되기 시작했다.

이른바 대산소화 사건(Great Oxidation Event)을 일으킨 남세균은 비록 엄밀히

최초의 육상식물과 가장 가까운
현생 친척 종일 수 있다.

말하면 식물은 아니지만, 식물판 명예의 전당
에 오를 만하다. 산소는 우주 전체에서 세 번째
로 풍부한 원소이기는 하지만, 이 단순한 세균
세포들이 등장하기 전까지 지구의 산소 원자는 대부분 다른 원소들과 화학적으
로 결합된 상태로 갇혀 있었다. 산소 원자는 화학적으로 반응성이 크기 때문에
근처에 다른 원자가 있으면 쉽게 결합한다. 시생대와 원생대에는 산소와 결합할
수 있는 수소, 황, 탄소가 풍족했을 것이 분명하며, 그 결합으로 물(H_2O), 이산
화황(SO_2), 이산화탄소(CO_2)가 형성되었을 것이다. 그런데 남세균은 광합성 과정
에서 햇빛의 에너지를 이용하여 물 분자에서 산소 원자를 떼어낸 다음, 산소 원
자 둘을 결합시켜 산소 분자를 만들었다. 바로 이 점에서 남세균은 생명의 역사
에 중대한 기여를 했다. 같은 원자끼리 결합한 이 산소 원자 쌍(우리가 O_2라고
알고 있는)은 다른 화학물질과 결합하려는 성향이 적었다. 그 결과 산소는 처음
으로 안정적인 상태로 존재하게 되었고, 그것은 대기에 산소 분자가 늘어날 수
있다는 의미였다.

약 20억 년 전, 남세균이 광합성을 통해서 처음으로 산소를 대량 생산하기 시
작한 때부터, 대기 속 산소 농도가 오늘날의 절반 수준에 이르기까지 10억 년이
걸렸다. 약 16억 년 전인 원생대 중반에, 산소 농도는 지구 대기의 약 10퍼센트를
차지할 만큼 증가했고, 남세균 외에도 홍조류, 갈조류, 녹조류 등 수많은 다양
한 광합성 생물들이 살고 있었다. 그 뒤로 5억 년 동안 가늘거나 굵은 실처럼 생
긴 부드럽고 미끈거리는 생물들은 원시 세계의 바다에서 번성했다. 이 조류들은
새로운 적응형질을 획득하면서 점점 복잡한 양상을 띠며 진화했다. 양분과 햇
빛을 더 효과적으로 흡수할 수 있도록 분화한 다양하고 특수한 세포들을 갖추
고, 생장과 생식을 서로 다른 세포에 맡기는 분업화를 이룸으로써 일을 훨씬 더
능률적으로 처리하는 개체들이 출현했다. 또 다양한 조류들은 유전물질을 세포
핵(細胞核, nucleus)이라는 구조물 안에 꾸려넣었다. 바로 이 점에서 그들은 앞서
출현한 광합성 생물들과 달랐다. 앞서 출현한 남세균과 달리, 이 조류들은 오늘
날 지구의 모든 고등한 생물들을 이루고 있는 복잡한 형태의 세포, 즉 진핵세포
(眞核細胞, eukaryotic cell)를 가진 최초의 생명체였다. 가장 중요한 점은 그들의
세포에서는 빛을 흡수하는 엽록소도 이중막으로 둘러싸인 구조물 안에 들어가

있었다는 것이다. 오늘날 지구의 식물들에서 볼 수 있는 광합성을 담당하는 독립된 구조물이 형성된 것이다. 이 구조물을 색소체(plastid), 녹조류와 식물에서는 엽록체(chloroplast)라고 한다. 비교적 단순하지만 점점 정교해지고 있던 생물들은 여전히 수생 서식지에 한정되어 있기는 했지만, 오늘날 우리가 지구 최초의 식물이라고 여기고 있는 것을 처음으로 구현하기 시작했다.

홍조류(실제 색깔은 녹색에서 붉은색, 보라색, 흑록색에 이르기까지 천차만별이다)는 해저에 군체를 이루며 드넓게 퍼져 있었다. 그들은 탁한 물속을 뚫고 들어오는 파장이 짧은 쪽의 빛을 흡수했다. 갈조류는 곧 바위 해안에 적응했다. 그들은 부착기관을 이용하여 물에 잠긴 바위에 단단히 달라붙었다. 중요한 점은 녹조류가 육지 주변의 얕은 바다에서 번성할 수 있는 이점을 하나 획득했다는 것이다. 다른 대다수의 조류와 달리, 녹조류(윤조강[Charophyceae]에 속하는 종류)는 노출된 얕은 바다의 강한 햇빛에서도 살아남을 수 있었고, 더 나아가 번성할 수 있었다. 이 시기의 해양 조류는 화석으로 남은 것이 거의 없다. 그들은 몸이 부드러워서 죽으면 쉽게 분해되었기 때문이다. 그들이 정확히 어떤 단계를 거쳐 육지에 더 가까이 다가갔는지는 알 수 없다. 그러나 우리는 약 5억 년 전에 녹조류가 해양 서식지와 민물 호수를 벗어나서 물에 잠기곤 하던 연안으로 올라갔다가 이윽고 육지에 자리를 잡았다고 추론할 수 있다. 그들 중 일부로부터 최초의 육상식물이 생겨났을 것이다. 불행히도 그 최초의 육상식물이 어떤 모습이었을지 알려줄 화석 증거는 전혀 발견되지 않았다. 그들의 몸이 화석이 되기에는 너무 부드러웠기 때문이다. 그러나 육지에 처음으로 식물이 올라왔음을 보여주는 다른 지질학적 기록이 있다. 바로 약 4억 7,000만 년 전 오르도비스기(Ordovician period)에 한 식물이 남긴 포자이다. 이 포자를 분석해보니, 오늘날의 원시적인 식물인 우산이끼가 만드는 것과 비슷한 미세한 구조를 가지고 있음이 드러났다.

고생대(古生代, Palaeozoic era)는 말 그대로 고대의 생물들이 살던 시대를 가리키며, 5억 4,300만 년 전부터 2억 5,100만 년 전까지이다. 이 시기부터 과학자들은 초기 생물들을 각 집단별로 추적할 수 있다. 약 5억 년 전, 고생대의 캄브리아기(Cambrian period)에 바다의 산소 농도가 급격히 떨어지면서 무산소 상태가 되었고, 곧 전 세계의 바다로 이 현상이 확산되었다. 이것이 조류를 물에서 육지로 옮겨가도록 촉발한 원인일 수도 있다. 물속에 떠다니거나 해저에 살던 생물 중 상

당수가 죽었고, 그들의 썩어가는 사체 속에 엄청나게 많은 유기물이 갇히게 되었다. 그 결과 광합성 플랑크톤이 불어나면서 빈 공간과 양분을 차지했고, 그들은 대기에서 대량의 이산화탄소를 빨아들이는 한편, 대량의 산소를 대기로 뿜어내기 시작했다. 겨우 수백만 년 사이에 대기의 산소 농도는 약 10퍼센트에서 18퍼센트로 올라갔다가, 이윽고 28퍼센트까지 치솟았다. 그 이후의 지질시대를 거쳐 산소 농도는 위

아래로 요동치다가, 지금은 약 21퍼센트에 머물고 있다. 광합성 플랑크톤은 대단히 성공한 집단이며, 지금도 바다의 모든 구석구석에 우글거리고 있다. 해수면부터 수심 100미터 이내의 물 한 방울 안에는 이런 생물들이 수천 마리씩 떠다니고 있다. 이들은 지금도 지구의 가장 중요한 유기물 생산자에 속한다.

바다에서 방출된 산소 외에, 최초의 육상식물이 뿜어낸 산소도 대기의 산소량을 늘렸다. 대기의 산소 농도가 이윽고 13퍼센트의 문턱을 넘어섰을 때, 처음으로 자연적인 화재가 일어날 수 있었고, 바위가 굴러떨어질 때 생기는 불꽃이나

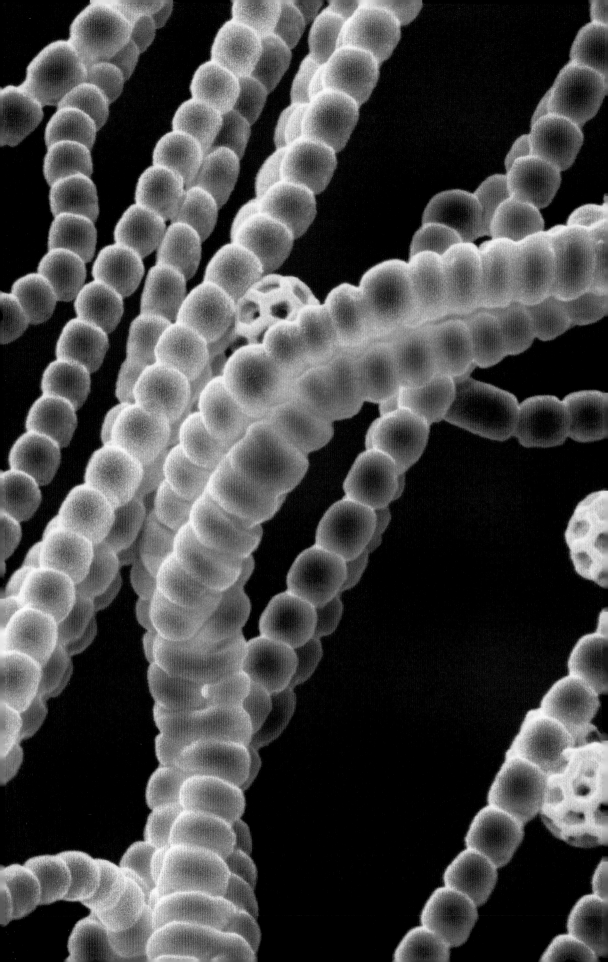

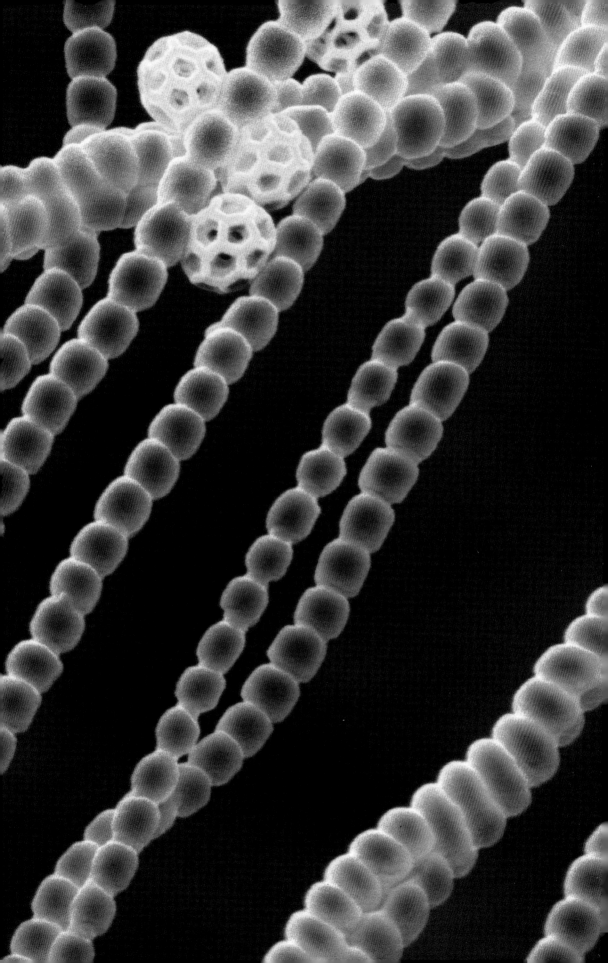

위 **선태식물의 포자낭**
육지에 살아도 선태식물은 번식
하려면 습한 환경이 필요하다.

번갯불로 드넓은 고대 경관이 활활 타오르는 장관이 펼쳐졌
다. 오늘날 지질학자들은 4억3,000만 년 전의 대화재로 숯
이 된 식물들의 화석이 펼쳐진 지대를 찾아내곤 한다. 이제
는 물 바깥에서도 풍족한 산소를 쉽게 이용할 수 있었고, 물속에서는 공간과 자
원을 차지하려는 경쟁이 심해짐에 따라서, 육지 생활이 더 좋은 대안으로 부상
했다. 그러나 식물의 부드럽고 축축한 몸은 수중 생활에 더 적합했다. 따뜻하고
건조한 공기를 접하면, 그들의 얇은 세포벽은 금방 말라버릴 터였다. 더군다나
그들은 번식을 하려면 여전히 물이 필요했다. 그들의 암수 배우자는 물이 있어야
결합할 수 있었다.

수백만 년이 흐르는 동안, 일부 조류는 세포에 돌연변이가 축적되면서 안전한
수생 환경에서 좀더 멀리 떨어진 곳에서도 살 수 있는 능력을 얻게 되었다. 일부
조류에서는 건조를 막아주는 매끄러운 큐티클(cuticle) 층이 발달했고, 특수한 세
포층이 서서히 진화하여 배아가 메마른 공기에 노출되지 않도록 보호하는 덮개

도 만들어졌다. 시간이 흐르자 건조를 막는 수단을 갖춘 조류들이 불어났고, 이윽고 물 바깥에서 살아갈 수 있는 기관들을 더 잘 갖춘 식물이 출현했다. 수많은 녹조류가 여전히 호수와 바다의 물속을 떠나지 않고 있었지만, 물 바깥에서 일정 기간 살아가도록 진화한 녹조류는 곧 조상인 조류와 모습이 달라지기 시작했다. 그들은 선태식물(蘚苔植物, bryophyte)이라고 불리게 되었고, 최초의 육상식물이 되었다.

육상 생활에 적응하기는 했지만, 이 작은 녹색의 털처럼 생긴 선태식물—지금은 이끼, 뿔이끼, 우산이끼로 구분한다—은 여전히 물에 의존하고 있었다. 늪이나 습지의 습기 혹은 이슬이라는 형태로라도 말이다. 선태식물은 적어도 진화적인 기준에서 볼 때, 수생 환경을 최근에야 떠난 상태이므로, 토양의 물과 양분을 몸 위쪽 부분까지 운반하는 능력이 떨어져서 몸이 습기로 축축하게 덮여야 했다. 그 물은 일단 세포 안으로 들어온 뒤에는 확산이라는 느린 과정을 통해서 옆 세포로 전달되어야 했다. 이 때문에 지구에 출현한 지 4억5,000만 년이 흘렀어도, 선태식물은 여전히 어두컴컴하고 습한 서식지에서 작고 눈에 띄지 않는 모습으로 살아간다. 해양에서 살던 조상들이 주로 해류에 의지한 반면, 최초의 선태식물은 뿌리처럼 생긴 원시적인 구조를 가지고 있어서 흙에 고착될 수 있었다. 그러나 선태식물은 오늘날 우리가 보는 모든 육상식물을 낳았을 뿐만 아니라, 현재 1만 종이 넘는, 세계에서 세 번째로 다양한 식물 집단이다. 이들은 북극권의 영구동토층을 단열시키는 중요한 역할을 할 뿐 아니라, 열대우림의 영양물질 순환을 비롯하여 많은 중요한 생물학적, 지질학적 과정들과 긴밀하게 얽혀 있다.

식물의 역사에서 첫 번째로 내딛은 중요한 걸음이 광합성의 발명이고, 두 번째가 육지로의 이주였다면, 세 번째로 중요한 단계는 부드러웠던 몸을 크고 단단하게 만들고, 경쟁자들을 물리치고 번식에 성공하는 능력을 획득한 것이었다. 그러나 약 4억5,000만 년 전에 기원한 초기 선태식물이 오늘날 우리의 주변에 있는 다양한 형태와 모습의 식물로 진화하기 위해서는 두 가지 주요 장애물을 극복해야 했다. 하나는 물과 양분을 토양과 접하지 않은 모든 부위로 전달하는 것이었고, 다른 하나는 물의 부력 없이 그 부위들을 지탱하는 것이었다. 해결책은 바로 관다발이 있는 식물, 즉 관다발식물(vascular plant)이었다.

관다발의 진화는 식물 세계에 대단히 중요했다. 관다발식물은 육지에 출현한

이래로 모든 육상 생태계의 토대가 되었다. 키가
대략 10센티미터이고, 여러 갈래로 가지를 뻗은
쿡소니아(*Cooksonia*)는 최초로 출현한 관다발
식물 중 하나였다. 이들의 화석은 4억4,400–4억
1,600만 년 전, 실루리아기(Silurian period)의 퇴적층에서 발견되며, 오늘날 웨일스
변경의 화석 산지에서 가장 흔하게 볼 수 있다. 쿡소니아는 잎도 뿌리도 없는 단
순한 구조이지만, 내부의 관다발 덕분에 땅속에서 광합성이 이루어지는 부위까
지 물을 끌어올리고, 모든 가지들에 균등하게 양분을 배분할 수 있었다. 이 속이
빈 내부 통로는 양쪽 끝이 뚫린 세포들이 줄기를 따라 죽 늘어서서 이어짐으로써
만들어졌다. 일부 세포들은 구조적인 역할에만 치중하기 위해서 광합성 능력을
버렸다. 이 세포들은 세포핵을 비롯하여 생명 활동에 필요한 세포소기관들을 버
리고, 대신 셀룰로오스(cellulose) 같은 튼튼한 구조를 만드는 당과 단단한 물질

인 리그닌(lignin)을 쌓아서 세포벽의 두께를 키웠다. 관다발식물은 목질의 리그닌으로 세포벽을 보강하기 시작했고, 덕분에 식물은 자신의 목질 조직만으로 위로 뻗어올라갈 수 있는 구조와 강도를 갖추게 되었다. 이것이 바로 그들과 수생식물을 나누는 핵심 특징이었다. 그 뒤로 3억5,000만 년에 걸쳐, 관다발식물은 소철, 은행나무, 고사리, 침엽수를 낳고, 이윽고 모든 현화식물을 낳게 된다.

관다발식물이 육지에 출현할 무렵에, 식물 기원의 이야기는 이미 25억 년이라는 기나긴 시간에 걸쳐 펼쳐지고 있었다. 그 사이에 세계는 화산이 불을 뿜어대는 시생대에서, 대산소화 사건을 통해서 생명을 부양하는 기체가 하늘을 채운 원생대를 거쳐, 식물들이 육지에 정착하려는 첫 시도가 이루어진 데본기(Devonian period)에 이르렀다. 이제 세계는 따뜻하고 습했으며, 지표면에는 곤드와나(Gondwana)와 로라시아(Laurasia)라는 고대의 땅덩어리가 솟아 있었다. 바다에서는 해양동물들이 계속 늘어났다. 이 무렵에는 여과섭식자인 태형동물(苔形動物, bryozoa)과 다양한 선사시대 어류가 주류를 이루었고, 처음으로 동물이 식물의 뒤를 따라 호수와 바다를 벗어나서 육지로 올라오기 시작했다.

식물은 육지로 올라오자 곧 모양과 크기가 다양해지기 시작했다. 리그닌으로 보강되어 튼튼해진, 중력에 맞설 수 있는 줄기를 갖춘 관다발식물은 곧 새롭고도 흥미로운 다양한 형태로 진화했다. 데본기 초의 식생은 키가 1미터에 불과한 작은 식물들로 이루어졌지만, 곧 식물은 단단한 줄기를 이용하여 점점 더 높이 자라기 시작했다. 4억700–3억9,700만 년 전의 화석들은 식물이 체내에 물을 운반하는 관과 철저히 분리된, 두꺼운 벽으로 둘러싸인 구조를 가지고 있었음을 보여준다. 이 추가 구조물은 식물이 나무껍질을 만들고 있었다는 최초의 사례였다. 데본기 화석은 이 시기에 나무껍질 같은 목질 구조뿐만 아니라, 완전히 새로운 여러 구조들이 출현했음을 보여준다. 그래서 이 시기를 '데본기 대폭발(Devonian Explosion)'이라고 한다. 잎이 고사리처럼 생긴 아르카이오프테리스(Archaeopteris) 같은 식물과 토양 깊숙이 있는 양분에 다다를 수 있는 1미터에 달하는 긴 뿌리를 가진 드레파노피쿠스(Drepanophycus) 같은 식물이 이 시기의 화석에 속한다. 나무처럼 생긴 식물로서는 처음으로 출현한 이들은 강가와 강어귀에서 무성하게 자랐고, 최초의 원시림을 형성하기 시작했다. 키가 20미터까지 자란 것도 있었다. 양치류의 조상이라고 할 수 있는 라코피톤(Rhacophyton), 거

위 은행나무

은행나무는 지금으로부터 2억 7,000만 년 전 페름기에 출현한 살아 있는 화석이다.

대한 수관(樹冠)을 가진 8미터에 달하는 나무인 에오스페르마토프테리스(*Eospermatopteris*), 종자식물의 선조라고 할 수 있는 모레스네티아(*Moresnetia*)도 데본기의 목질 식물이었다. 또 우리에게 친숙한 식물 종들 중에도 데본기 대폭발 때 출현한 것들이 많다. 오늘날까지도 열대와 온대 전역에서 번성하고 있는 약 1만2,000종의 양치식물(羊齒植物, Pteridophyta)은 데본기에 그들이 큰 성공을 거두었음을 증언한다.

데본기의 따뜻한 기후에서 동물도 새로운 생활방식을 찾아나섰다. 노래기는 축축한 숲 바닥에 쌓인 유기물 더미를 헤치면서 돌아다녔고, 현대 거미의 친척이라고 여겨지는 트리고노타르비드(trigonotarbid) 같은 최초의 포식자들도 먹잇감을 찾아 바닥을 기어다녔다. 바다에서는 물어뜯는 강력한 턱을 가진 거대한 갑주어들이 온갖 형태와 크기로 빠르게 진화하면서, 해양 세계에서 불어나고 있던 생태 지위들을 채웠다. 약 3억6,000만 년 전 데본기 말에, 어류 중 일부가 최초로 육지로 올라와서, 히네르페톤(*Hynerpeton*) 같은 공기 호흡을 하는 네 발 달린 양서류(兩棲類, Amphibian)가 출현했다.

데본기의 식물상은 육지 자체의 특성과 조성에 근본적인 영향을 미쳤다. 숲의 튼튼하고 키 큰 나무들은 서로 얽혀 깊이 뿌리를 내리면서 단단한 암반을 살기 적합하고 양분이 풍부한 토양으로 변형시키기 시작했다. 데본기에 식물이 발달하기 이전인 실루리아기 말의 육지 표면은 대체로 모암(母岩)이 그대로 노출된 상태였기 때문에, 초기의 뿌리들이 거의 침투할 수 없었다. 데본기 초에야 육상 식물들이 퍼지면서 암석을 부수고 광물질이 방출되도록 도움으로써 암석의 화학적 풍화를 촉진했다. 식물은 뿌리에 모여 사는 균류를 통해서 유기산을 분비하며, 또 암반 위에서 식물체가 분해될 때 나오는 산(酸)도 있다. 이 산은 암석으로 흘러들어 암석을 약하게 만들었고, 그 덕분에 뿌리는 더 깊숙이 침투할 수 있었다. 암석은 서서히 점점 더 작게 분해되어 퇴적물이 되었다. 시간이 흐르면서 지표면의 유기물은 땅속으로 더 깊이 스며들었고, 토양의 두께는 점점 더 두꺼워졌다. 뿌리는 더 깊이 땅속으로 뻗어나갔고, 그와 더불어 지상부로도 더 높이 뻗어

올라갔다. 데본기 말과 석탄기(Carboniferous period) 초에 토양이 점점 더 두꺼워지고 발달함에 따라, 식물은 더욱 크게 자랐다.

데본기 중기까지 모든 초기 식물들은 어떤 형태로든 물이 있어야만 수정이 이루어지는 암수 배우자를 가지고 있었다. 원래의 수생식물들은 물에 완전히 잠겨 있었으므로, 그

위 **아르카이오프테리스**

데본기 말에 출현한 나무처럼 생긴 최초의 식물 중 하나였다.

다음 **색채의 세계**

꽃이 출현함으로써, 지구의 겉모습은 영구히 바뀌었다.

들의 정자세포는 물속을 자유롭게 헤엄쳐서 알세포를 수정시킬 수 있었다. 이 수정방식 때문에 그들이 살아남을 수 있는 곳은 한정될 수밖에 없었고, 물 바깥으로 가면 그들의 번식전략은 불가능해질 터였다. 선태식물은 육지에서 살기는 했지만, 정자세포와 포자를 암배우자에 전달하려면 어느 정도 축축한 환경이 필요했다. 우리는 이끼 같은 현생 선태식물을 통해서, 일부 종은 주변에 물이 흥건할 때 자기 무게의 몇 배나 되는 물을 저장하고 서식지가 장기간 메마른 상태로 있

위 **에퀴세토프시다**
(*Equisetopsida*)

속새류는 1억 년 넘게 데본기, 석
탄기, 페름기의 숲 하층을 지배했
으며, 30미터 높이까지 자라는 종
도 있었다.

으면 대사활동을 멈출 수 있다는 것을 안다. 따라서 물에 의
존하는 이 육상식물들이 살기에 가장 적합했던 곳은 데본기
숲의 저지대 하천의 물이 넘치곤 하는 축축한 연안이었으며,
이끼와 고사리는 오늘날에도 그런 환경에서 번성한다. 번식
을 하려면 외부 환경이 습해야 하는 이 양서성(兩棲性) 때문
에, 선태식물은 가장 축축한 서식지에서 살아갈 수밖에 없었
다. 따라서 물에 대한 의존성을 끊을 수 있었던 식물은 대단
히 유리한 입장에 놓였을 것이다. 연안에서 더 멀리 떨어진,
더 건조한 지역에는 공간, 빛, 양분이 풍부했을 것이다. 곧
자연선택은 이 새로운 서식지의 건조한 공기에서 성장하고
번식하는 능력을 갖춘 식물을 선호하기 시작했다. 그들이
건조한 공기에서 살아남기 위해서 택한 비법은 생식세포를
마르지 않게 막아주는 캡슐 안에 넣어 공기를 이용하여 운반
할 수 있도록 하는 것이었다. 오늘날 우리가 꽃가루라고 말
하는 것이 바로 이 캡슐이다.

최초로 진화한 꽃가루 구조는 이웃한 식물의 암배우자가 있는 곳까지 바람
에 실려 운반될 수 있을 만큼 가벼운, 유전물질이 담긴 작은 꾸러미였다. 목적지
에 도달하면, 꽃가루는 작은 굴을 파며, 그 굴을 통해서 정자세포가 헤엄쳐가서
수정을 할 수 있었다. 처음으로 식물의 자성(雌性) 구조와 웅성(雄性) 구조가 건
조한 공기를 통해서 아주 먼 거리까지 운반되어 유전정보를 교환할 수 있게 되
었다. 꽃가루 산포 능력을 최대화하기 위해서 꽃가루를 만드는 많은 식물들은
더욱 높이 자랐고, 때가 되면 하늘은 수많은 데본기 식물들이 공중에 퍼뜨리는
DNA, 즉 꽃가루로 가득해졌다. 비록 광합성을 하려면 여전히 물이 필요했지만,
이제 식물은 육지의 더 건조한 새로운 땅으로 진출할 수 있게 되었다. 연안의 숲
에서부터 식물은 더 멀리 안쪽으로, 고대 세계의 광활한 텅 빈 공간을 향해 나아
가기 시작했다.

꽃가루 식물들이 더 내륙으로 퍼져나감에 따라서, 꽃가루받이가 이루어지려면
배우자는 더 먼 거리를 이동해야 했다. 그리하여 식물이 번식하는 방식에 또다시
주요 혁신이 이루어졌다. 이것은 육지에서 식물의 진화에 일어난 가장 극적인 혁

신 중 하나였다. 바로 씨의 진화였다. 씨처럼 생긴 구조물을 갖춘 최초의 식물은 원겉씨식물(progymnosperm)로서, 약 3억8,500만 년 전에 출현했다. 프로토프테리디움(*Protopteridium*) 같은 나무와 잎이 무성하고 키가 10미터에 달하는 아르카이오프테리스가 여기에 속했다. 이 시기의 화석들은 설령 전부는 아니라고 해도 일부 나무들이 원시적인 씨와 비슷한 구조물을 가지고 있었음을 보여준다. 그것은 씨의 미래가 이 시점에서는 아직 결정되지 않았음을 시사한다. 이전의 모든 식물들과 마찬가지로 원겉씨식물도 포자를 생산했지만, 독특하게도 두 종류의 포자─소포자와 대포자─를 만들었다. 이형포자성(heterospory)이라는 이 형질은 원겉씨식물이 모든 종자식물의 조상일 가능성이 가장 높음을 시사한다. 이형포자를 만드는 능력은 자유롭게 떠다니는 단일한 포자를 만드는 식물과 포자에서 유래한 배아를 담은 진정한 씨를 만드는 식물 사이의 중요한 진화적 중간단계로 간주된다.

3억5,000만 년 전 원겉씨식물에서 유래한 최초의 진정한 종자식물은 종자고사리라는 나무처럼 생긴 집단이었다. 이들은 겉씨식물(gymnosperm)이라는 주요 식물 분류군에 속한다. 겉씨식물은 말 그대로 '겉으로 드러난 씨'라는 뜻이며, 씨방으로 완전히 감싸이지 않은 씨를 만들기 때문에 그런 이름이 붙었다. 더 이전의 씨가 없는 식물들에서는 배우체가 부모 식물 바깥으로 방출되었지만, 종자고사리류에서는 배우체가 아주 작았고 식물의 생식기관 안에 남아 있었다. 그리하여 수정이 이루어질 수 있는 축축한 밑씨가 만들어졌다. 본질적으로 부모 식물 안에서 새 식물을 만드는 것이다. 그와 더불어 이 배아 꾸러미 안에는 얼마간의 양분도 함께 들어 있었다. 그것은 씨가 운반될 수 있고, 조건이 적당한 곳에 놓이자마자 발아할 준비가 되어 있다는 의미이다. 또 보호층 덕분에 이 씨는 산포된 뒤에 휴면 상태로 남아 있을 수 있었다. 싹을 틔울 조건이 완벽하게 갖추어질 때까지 기다리면서 말이다. 그럼으로써 홍수와 가뭄 때 싹이 터서 소중한 유전물질을 잃는 일을 줄일 수 있었다.

오늘날 씨가 있는 식물은 관다발식물 중에서 가장 다양한 집단이다. 씨의 진화 덕분에 육상식물은 바람, 물, 땅, 동물의 소화관을 이용하여 번성할 수 있었다. 석탄기와 페름기(Permian period)에 겉씨식물은 왕성하게 진화했고, 소나무, 가문비나무, 전나무를 비롯한 침엽수들은 그들의 현존하는 친척들이다. 다육질 씨를 가진 은행나무, 손바닥 같은 커다란 잎과 눈에 띄는 구과(毬果)가 달리는 소철류도 그렇다.

약 3억 년 전, 세계적인 빙하기가 지구를 덮쳤고, 극지방에 얼음이 형성되면서 대기에서 소중한 수증기가 빠져나가 얼음에 갇히자 지구는 점점 더 건조해지고 차가워졌다. 대기의 습도가 낮아지면서 열대림과 습지는 면적이 크게 줄어들고 말라붙었다. 겉씨식물은 씨를 퍼뜨리고 더 건조한 환경에 정착할 수 있는 능력에 힘입어서, 곧 양치식물을 대체하면서 지구의 주류 식물로 떠올랐다. 시간이 흐르자 고위도 지역은 추운 기후의 이탄(泥炭) 지대와 늪지로 변했다. 오늘날 시베리아의 타이가 지대와 다소 비슷했을 것이다. 더 온화한 저지대에서는 종자고사리류인 글로소프테리스(*Glossopteris*)와 강가모프테리스(*Gangamopteris*), 커다란 석송류와 무성한 속새류가 주류를 이룬 늪지의 낙엽수림이 형성되었다.

페름기 말에 지구의 주요 대륙들은 모두 합쳐져서 판게아(Pangaea)라는 하나의 초대륙이 되었고, 비가 거의 내리지 않아 점차 건조해지면서 이 초대륙의 곳곳에는 극단적인 사막 경관이 형성되었다. 사막이 확장되고 해안선이 밀려나면서, 극단적인 기후 변동으로 많은 생명체들이 멸종으로 내몰리기 시작했고, 2억4,800년 전 무렵이 되자, 당시까지 진화했던 동식물 종의 95퍼센트가 전멸했다. 지구 역사상 최대 규모의 멸종 사건이었고, 그 뒤로 50만 년 동안 지구의 복잡한 생명체들은 완전한 멸종이라는 위기에 처해 있었다. 남은 5퍼센트는 극단적인 기후로부터 안전한 곳, 즉 온화하고 습한 상태가 유지되고 있던 서식지들에 남아 있었다. 이 생명의 은신처에는 여태껏 진화한 근본적인 DNA들이 숨어 있었다. 이후 5,000만 년에 걸쳐 지구의 기후가 온화해짐에 따라, 식물은 다시 불어나서 지구 곳곳에 정착했다. 서서히 식물은 온대림, 열대림, 건조한 사바나를 다시 조성하기 시작했다.

쥐라기(Jurassic period)의 습지와 선사시대의 숲이 활기를 되찾기 시작하면서, 식물들은 계속 불어나고 다양해졌다. 씨, 잎, 꽃가루는 점점 더 분화했고, 식물 세계는 공룡들에게 풍족한 먹이를 제공했다. 지금으로부터 1억4,000만 년 전까지 빠르게 성장하는 대나무와 그늘을 드리우는 야자수가 등장했다. 그리고 그 시점 이후로 식물 세계는 완전히 바뀌게 되었다.

씨를 만드는 겉씨식물은 2억 9,000-1억4,500만 년 전에 주류 식물 집단이 되었다.

2
꽃의
경이

"곧 유럽 도시들의 식물원과

개인 소장자의 집은 이루 말할 수 없이

다양한 모양, 크기, 색깔의 아름다우면서

희귀한 꽃들로 가득해졌다."

인류가 꽃에 강박적으로 빠져들기 시작한 것은 200여 년 전부터였다. 그때부터 가장 절미한 꽃을 찾는 일에 평생을 바치는 이들이 나타났고, 만사를 제쳐두고 가장 희귀한 꽃을 찾는 일에 몰두하는 이들이 생겼다. 빅토리아 시대 사람들은 이 '꽃 광기(flower madness)'를 가리켜 오키델리리움(orchidelirium, 난초섬망)이라고 했다. 1800년대에 불었던 '금광 열풍'의 식물판이라고 할 수 있었다.

서양인들이 이국적인 꽃에 매료되기 시작한 것은 18세기에 선구적인 식물 사냥꾼들이 식물학적 경이를 찾아 미지의 세계인 남아메리카, 아시아, 아프리카를 탐사하면서부터였다. 이 초기 탐사들은 부유한 수집가와 식물학 연구기관의 의뢰를 받아, 감탄을 자아내는 새로운 식물과 꽃에 점점 더 빠져들고 있었던 상류 사회의 취향을 충족시키기 위해서 이루어졌다. 식물 사냥꾼들은 때로는 몇 년씩 해외에서 탐사를 하곤 했다. 그들은 새로운 식물 종을 찾아다니다가 때로 야생 동물이나 호전적인 원주민과 마주쳐서 목숨이 위험한 상황을 겪기도 했다. 가장 멋진 표본은 과학적 용도와 심미적 가치가 있어서 고가에 팔 수 있었다. 물론 인류는 까마득한 옛날부터 꽃에 매료되었다. 심지어 우리의 가까운 호미니드(hominid) 친척인 네안데르탈인의 20만 년 전 매장지에서도 꽃을 사용하여 장례식을 치렀음을 시사하는 증거가 나왔다. 시신 위에 국화류와 무스카리 같은 식물의 꽃들이 뿌려져 있었다. 그리스 신화에는 신과 인간 모두가 꽃을 신성하게 여기는 내용이 가득하다. 진홍색 양귀비는 죽은 아도니스가 흘린 핏방울에서 생겨났고, 태양신 헬리오스가 불충한 죄로 쫓아낸 님프들은 헬리보어(hellebore)의 꽃으로 변했다. 고대 이집트에서는 장미가 부와 미모, 매력의 상징이었다. 로마 제국의 네로 황제의 연회에 참석하는 손님들은 장미 꽃잎이 흩날리는 연회장으로 들어섰고, 클레오파트라는 달콤한 장미꽃 향기로 마르쿠스 안토니우스를 유혹했다. 꽃은 오늘날에도 우리 문화의 큰 부분을 차지하고 있으며, 출생, 졸업, 결혼, 죽음 등 우리 인생의 가장 중요한 날마다 우리와 함께한다. 오늘날 우리의 정원에는 중국에서 온 목련, 남아프리카의 희망봉에서 온 제라늄, 히말라야 산맥에서 온 앵초, 동방에서 온 등나무 등 세계 각지의 서식지에서 온 형형색색의 화려한 꽃들이 가득하다.

1768년 식물학자이자 원예학자인 조지프 뱅크스는 제임스 쿡 선장이 태평양으로 제1차 항해에 나설 때 동행했다. 그는 3년 동안 열대의 섬들에서 번성하는 매혹적인 새로운 식물 종들을 채집하고, 연구하고, 목록을 작성하면서 보냈다. 1771년 영국으로 돌아온 뒤 뱅크스는 큐에 있는 왕립 식물원의 자문위원으로 일했고, 그 역할은 나중에 공식적인 지위가 되었다. 뱅크스는 마음이 맞는 식물학자와 탐험가들을 모아서 후속 탐사대를 조직했다. 탐험가이자 식물 채집가인 앨런 커닝엄, 나중에 큐 식물원의 첫 공식 식물 사냥꾼이 되었고 쿡 선장의 제2차 항해에 참가한 스코틀랜드의 식물학자 프랜시스 메이슨도 거기에 포함되었다. 뱅크스의 관리하에 큐의 정원은 빠르게 세계 최고의 식물원으로 변모했다. 남아프리카에서 온 인상적인 프로테아(protea), 소철류, 극락조화가 곧 온실을 가득 채웠다. 각 종은 항해 때 '워디언(Wardian)' 상자라는 일종의 소형 온실에 담겨서 운반되었다. 영국으로 운반된 것들 중에서 가장 큰 관심을 받은 대상은 화려한 꽃과 감미로운 향기를 풍기는 꽃이었다. 식물 채집자들이 열대의 울창한 정글 속으로 더 깊숙이 들어갈수록, 점점 더 다양한 모양과 색깔의 꽃들이 채집되었고, 그 꽃들은 큐 식물원으로 옮겨졌다.

뱅크스의 뒤를 이은 윌리엄 후커와 그의 아들인 조지프 후커는 큐의 탐험정신을 계승하여 인도와 네팔의 고산지대로 탐사대를 이끌고 갔다. 그들은 오늘날 전 세계의 원예가들에게 인기가 있는 철쭉류의 놀라운 신종들을 포함한 많은 종

들을 발견했다. 그러나 식물 채집 탐사가 아무
런 탈 없이 이루어진 것은 아니었다. 조지프는
1847-1849년에 아치볼드 캠벨과 함께 탐사를
하던 중 시킴에서 티베트로 불법적으로 국경을
넘으려고 했다는 이유로 체포되어 투옥되었다.

영국 정부가 시킴을 침략하겠다고 위협을 가한 뒤에야 두 사람은 식물 표본들을
가지고 풀려날 수 있었다.

큐 같은 당시의 공공 식물원들뿐 아니라 개인 수집가들도 이국적인 희귀한 꽃
이나 아직 발견되지 않은 꽃을 구하기 위해서 강박적으로 매달렸다. 후원자와
탐험가에게 똑같이 수지가 맞는 일이었기 때문이다. 경쟁관계에 있는 이들이 새

위 **조지프 후커 경**
1886년 T. 블레이크 워그먼의 펜화

로운 종이 어디에서 자랄 가능성이 높은지를 알아차리지 못하도록 은밀하게 탐사가 이루어지기도 했고, 경쟁자를 혼란에 빠뜨리기 위해서 가짜 지도와 정보를 퍼뜨리는 일도 드물지 않았다. 꽃 광기의 시대라는 말이 달리 나온 것이 아니었다. 그리고 성공한 수집가들은 귀중한 표본을 경매에 붙여서 엄청난 돈을 벌 수 있었다. 난초가 처음 영국에 들어온 것도 이렇게 개인이 후원한 탐사를 통해서였다. 1852년 동양으로부터 런던의 포도주 판매상인 존 데이의 손을 거쳐 몇몇 난초가 영국에 수입되었다. 현재의 가치로 따지면, 3,000파운드에 상당하는 거금을 들여서 난초들을 처음 구입한 순간부터 세상을 떠날 때까지 데이는 난초에 강박적으로 집착하게 되었다. 런던 북부에 있는 그의 집은 곧 동남 아시아에서 온 덴드로비움(*Dendrobium*)의 흰색과 밤색이 어우러진 꽃잎, 열대 아메리카에서 온 오돈토글로숨(*Odontoglossum*), 코스타리카에서 온 카틀레야(*Cattleya*)로 가득해졌다. 데이

40

는 난초 사랑을 예술가의 심미안과 결합하여, 점점 늘어나는 자신의 수집품들을 수채화에 담기 시작했다. 식물의 서식지, 배양 조건, 경매 가격이 적힌 그의 꼼꼼한 그림은 곧 식물학자와 예술 애호가의 시선을 사로잡았고, 그는 큐의 난초관(orchid house)에 들어가서 그림을 그릴 수 있는 특별 허가권을 얻었다. 데이는 25년 동안 이 매혹적인 식물들을 세밀하게 그리고 채색한 그림들을 담은 화집을 50권 넘게 냈고, 이 그림들은 지금도 큐에 전시되어 찬탄을 불러일으키고 있다.

위 **식물 사냥**
조지프 후커의 『히말라야 일지(*Hi-malayan Journals*)』에 실린 삽화, 1854

빅토리아 시대의 사람들이 가장 화려한 꽃들을 손에 넣기 위해서 강박적으로 매달릴 수 있었던 것은 식물 열광자들로 이루어진 별난 인맥이 형성되어 있었기 때문이다. 그들은 드넓은 대영제국의 어느 귀퉁이에서 일하든 간에, 그 상황을 이국적인 종을 영국으로 가져올 기회로 삼았다. 인도에 주둔한 영국군 소속의 롭슨 벤슨 대령은 아삼, 부탄, 캄보디아에 파견되었을 때, 짬을 내어 수많은 새로운 난초 종들을 채집하여 영국 원예학자 휴 로에게 보냈다. 화가인 윌리엄 박솔은 처음에는 미얀마, 그 뒤에는 필리핀에서 일하면서 매혹적인 개불알꽃, 장엄한 반다(*Vanda*), 오늘날 거의 모든 화원의 선반에 놓여 있는 팔라이노프시스(*Phalaenopsis*)에 속한 많은 종들을 채집했다.

곧 유럽 도시들의 식물원과 개인 소장자의 집은 이루 말할 수 없이 다양한 모양, 크기, 색깔의 아름다우면서 희귀한 꽃들로 가득해졌다. 이 꽃들은 찬미자들의 심미적 관심을 끌었을 뿐만 아니라, 생물학자와 자연사학자의 풍부한 연구 대상이 될 만한 복잡성과 다양성도 가지고 있었다. 찰스 다윈도 그런 자연사학자들 중 한 명이었다. 다윈의 평생 지기였던 큐 식물원의 제2대 원장인 조지프 후커도 마찬가지였다. 다윈은 큐의 여러 고참 식물학자들, 원예학자들과 꾸준히 서신을 주고받으면서, 식물에 관한 생각들을 논의하고 표본을 교환했다. 1831-1836년 비글 호 항해 때, 그는 아르헨티나, 칠레, 브라질, 갈라파고스에서 채집한 꽃을 동정(同定)해달라고 큐 식물원으로 보냈고, 그 보답으로 큐 식물원은 나중에 다윈이 켄트에 있는 자택에서 살펴보고 연구할 수 있도록 식물 표본을 기꺼이 제공했다. 비록 이 시기에 다윈은 선구적인 저서인 『자연선택을 통한 종의 기원에 대하여(*On the Origin of Species by Means of Natural Selection*)』를 아직 쓰지 않은 상태였지만, 자연계에서 일어나는 생존과 적응에 관한 생각들을 종합하던 중이었다. 아마 다윈은 저마다 독특한 아름다움을 뽐내는 각 난초 꽃의 복잡한 모양, 패턴, 구조가 서식지에서 그 종에게 어떤 이점을 주기 때문에 진화한 것이라는 사실을 당시의 어느 누구보다도 잘 알고 있었을 것이다. 다윈은 난초의 꽃이 오로지 자신의 생식세포를 퍼뜨려줄 동물을 꾀기 위한 것임을 이해했다.

다윈이 가진 자연사학자로서의 본능은 그의 채집 열정과 자연계의 어떤 측면이든 이해하려면 모든 측면들을 세심하게 조사하고 알아야 한다는 믿음에서 비롯되었다. 그는 이렇게 쓴 적이 있다. "학교에 입학할 무렵에, 나의 자연사 취향, 특히 채집 취향은 잘 발달한 상태였다. 대가가 되든 비참하게 끝나고 말든 간에 누군가를 체계적인 자연사학자로 자라도록 이끄는 채집 열정이 내게는 아주 강했고, 형제자매 중 어느 누구에게도 이런 취향은 없었지만, 그 열정이 타고난 것임은 분명했다." 난초과의 정교한 꽃을 이해하는 일에 나선 다윈은 먼저 이 희귀한 식물들을 모으는 일부터 시작했다. 그는 자택인 다운 하우스에 유리 온실을 지었다. 말레이시아, 필리핀, 중앙 아메리카에서 온 무수한 난초들이 큐를 거쳐서 그의 집으로 전해졌고, 집 주변에서 많이 자라는 영국 난초들도 온실에 들어왔다. 그러나 가장 극단적인 형태의 난초 꽃들은 그의 진화론에 잘 들어맞지 않았다. 다윈은 1861년 큐 식물원의 분류학자인 존 린들리에게 보낸 편지에서, 난초의 복잡성에 몹시 흥미를 느끼고 있다고 하면서, 카타세툼(*Catasetum*)이라는 속에 관해서 자세히 이야기한다. "카타세툼에 몹시 관심을 두고 살펴보고 있는데, 정말로 별난 난초들입니다. 나는 영국 난초의 수정을 다룬 얇은 책을 내기 위해서 연구해왔습니다. 막상 발표하려니 너무 성급한 것이 아닐까 하고 두려워집니다. 하지만 내 인생에서 난초만큼 흥미를 끄는 것은 거의 없었습니다. 당신의 연구는 당신도 이 느낌을 아주 잘 이해하고 있다는 것을 보여주더군요."

다윈은 난초의 생활을 연구하고 난초를 해부하여, 그들이 특정한 벌이나 나방을 꽃으로 꾀어서 자신의 생식기관과 상호작용을 하도록 유도하는 다양한 방법들과 꽃가루받이를 하는 독특한 메커니즘을 살펴보았다. 그는 각 꽃이 하는 행동의 모든 측면과 그 기원을 타당하게 설명할 이론을 찾고 있었다. 그러나 다윈

(b) 카타세툼 크리스티아눔(*Catasetum christyanum*)
남아메리카 북부에서 자라는 착생 난초

(a) 카틀레야 스키네리(*Cattleya skinneri*)
코스타리카와 과테말라에 자생하는 난초 종

(c) 반다 코이룰레아(*Vanda coerulea*)
조지프 후커가 1857년 시킴에서 발견한 난초 종

(d) 덴드로비움 포르모숨(*Dendrobium formosum*)
처음에 인도 북동부에서 발견된 난초 종

위 존 데이의 '화집'에 실린 그림들

의 적수들 중 상당수는 그가 불가능한 일을 하려고 애쓴다고 보았고, 심지어 그의 절친한 친구인 토머스 헉슬리조차 이런 유명한 말을 남겼다. "꽃의 형태와 색깔에서 실용적인 목적을 찾으려는 생각을 할 사람이 누가 있겠는가?" 다윈은 난초의 성생활을 밝히는 연구를 꽤 진척시켰다. 그는 난초가 꽃가루 매개자를 꾀고 꽃가루를 방출하는 방식을 상세히 연구했다. 하지만 그를 가장 골치 아프게 만든 것은 난초가 꽃가루를 퍼뜨리는 동물이나 자연력을 고를 때, 현화식물의 다른 어떤 과(科)보다도 더 극도로 까다롭다는 점이었다. 그는 이렇게 썼다. "난초는 수정을 위해서 왜 그토록 많은 완벽한 고안물들을 만든 것일까? 물론 비슷하게 완벽한 수준의 적응형질을 가진 식물들이 많이 있다는 점은 분명하다. 하지만 다른 대다수 식물들보다 난초과에 그런 고안물들이 실제로 훨씬 더 많고 더 완벽한 듯하다." 다윈에게는 난초들의 꽃가루받이 방법들이 대단히 아름답기는 해도 지독히 비효율적으로 보였기 때문에, 직관에 반하는 듯했다.

우리가 직접 다양한 종들의 고도로 분화된 꽃가루받이 방식들을 설명하려고 해보면, 시작하자마자 난초의 성생활을 설명하려고 애쓰던 다윈이 어떤 곤경에 처했을지 실감할 수 있다. 유럽 남부와 서부, 레바논, 터키, 북아프리카에서 자라는 거울난초(Ophrys speculum)는 꽃의 순판(脣瓣)이 무지갯빛으로 빛나는 벌과 거의 똑같은 모습이다. 예전에 연구자들은 초식동물이 뜯어 먹지 못하도록 이런 모습으로 진화된 것이라고 설명했지만, 지금은 이 꽃이 암벌의 페로몬을 모방한 화학물질을 분비한다는 사실이 밝혀졌다. 즉 이 꽃은 짝짓기를 하러 오라고 수벌들을 꾄다. 수벌이 꽃에 몸을 비벼대면서 교미를 시도할 때, 난초의 끈적한 꽃가루덩이가 수벌의 몸에 달라붙는다. 수벌이 날아가서 다른 거울난초에 앉아 다시 교미를 시도할 때, 이 꽃가루덩이는 그 꽃에 옮겨진다. 에콰도르의 온키디움속(Oncidium)의 난초들에서도 극단적인 행동이 진화했다. 이 난초의 꽃잎은 켄트리스(Centris) 벌의 경쟁자처럼 생겼다. 벌이 이 '적'을 자신의 세력권에서 쫓아내려고, 꽃에 부딪힐 때마다 끈적한 꽃가루덩이가 쏟아져서 달라붙는다. 아시아와 남아메리카의 개불알꽃은 순판에 일종의 닫히는 경첩이 달려 있어서, 곤충은 떠날 때 끈적한 꽃가루덩이를 밀고 나갈 수밖에 없다. 오스트레일리아에는 리잔텔라 슬라테리(Rhizanthella slateri)라는 땅속에 사는 난초 종이 있는데, 이 종은 개미의 도움으로 꽃가루를 옮긴다. 썩은 고기 냄새로 파리를 꾀는 난초도 있고, 초

콜릿 같은 냄새로 꽃가루 매개자를 유혹하는 난
초도 있다.

꽃가루받이 중에서도 아마 카타세툼의 사례가
가장 흥미로울 듯하다. 이 방식은 다윈의 진화
론 자체와 모순되는 듯했다. 난초치고는 특이하게, 카타세툼은 대개 암그루와
수그루가 따로 있다. 수그루는 난초벌(euglossine bee) 중 단 한 종만을 유혹하
는 냄새를 풍긴다. 이 달콤한 냄새에 홀린 벌은 난초 꽃의 순판에 내려앉아서 머
리를 꽃 속으로 들이미는 순간, 일종의 민감한 방아쇠를 건드린다. 그러면 일련
의 메커니즘이 작동하여 벌의 등으로 작은 덩어리가 발사되어 달라붙는다. 이 별
난 투사물은 사실 꽃가루덩이이다. 이 꽃가루덩이에는 작은 뚜껑이 붙어 있는데,

1분쯤 지나면 뚜껑이 떨어지고 말굽 모양의 꽃가루 덩어리들이 드러난다. 최근에 미국의 한 연구진은 꽃가루덩이가 발사될 때의 가속도가 살무사가 공격할 때 머리를 움직이는 가속도보다 10배 더 빠르다는 사실을 발견했다. 꽃가루덩이에

맞은편 **카타세툼 코눈드룸**
(*Catasetum conundrum*)
다윈은 놀라울 정도로 복잡한 구조를 가진 이 난초에 깊이 빠져들었다.

맞으면 벌은 황급히 날아간다. 그랬다가 조금 다르게 생긴 꽃에 이끌린다. 바로 암꽃이다. 이번에도 냄새에 유혹당한 벌은 암꽃 속으로 머리를 들이미는데, 그때 등에 달라붙어 있던 작은 꽃가루덩이는 꽃 천정에 있는 작은 구멍에 마치 자물쇠에 열쇠가 끼워지듯이 들어감으로써 벌의 등에서 떨어진다. 꽃가루받이가 일어난 것이다.

　다윈은 카타세툼을 특히 더 깊이 파고들었다. 그는 그 꽃의 메커니즘을 연구하느라 많은 시간을 보냈다. 어떻게 그렇게 정확하고 특수한 체계가 진화할 수 있었는지 이해하고자 애썼다. 지칠 줄 모르는 그의 인내심은 보상을 받았다. 그는 1861년 자신의 책 출간인인 존 머리에게 편지를 썼다. "카타세툼과 모르모데스(*Mormodes*)의 봉오리를 연구하느라 너무나 힘든 시간을 보냈는데, 마침내 그 운동과 기능의 메커니즘을 이해했다는 확신이 듭니다. 카타세툼은 약간의 구조적 변형이 새로운 기능으로 이어진 멋진 사례입니다."

　폭발하는 꽃가루덩이의 복잡성을 이해하고 해명한 지 얼마 지나지 않아서, 다음 차례의 식물학적 수수께끼가 말 그대로 다윈의 책상에 내려앉았다. 1862년 그는 저명한 원예학자 제임스 베이트먼이 보낸 소포를 받았다. 그 안에는 마다가스카르 섬에서 채집한 커다란 별 모양의 흰 꽃잎으로 이루어진 특이한 꽃을 피운 앙그라이쿰 세스퀴페달레(*Angraecum sesquipedale*)라는 난초가 들어 있었다. 다윈은 이 새로운 표본의 형태를 상세히 분석하기 시작했다. 그는 꿀이 담겨 있는 긴 관 모양의 꿀주머니를 보고 놀랐다. 이 섬세한 꿀주머니는 길이가 무려 30센티미터가 넘었고, 꽃 아래쪽으로 하얀 꼬리처럼 길게 늘어져 있었다. 꿀은 그 끝에 담겨 있었다. 이렇게 긴 꿀주머니를 한번도 본 적이 없었기 때문에, 그는 존중하는 동료인 조지프 후커에게 탄성을 내지르면서 이 채찍 같은 긴 꿀주머니를 설명하는 편지를 썼다. "대체 어떤 곤충이 꿀을 먹을 수 있을까!" 그해 늦게 다윈은 난초의 번식을 다룬 책을 펴냈다. 책에서 그는 마다가스카르의 난초가 꽃가

루받이를 하려면, 그 섬에 꿀주머니의 끝에 담긴 꿀에 다다를 수 있는 적어도 길이가 30센티미터는 되는 주둥이를 가진 곤충이 있어야 하며, 그 곤충은 나방일 가능성이 가장 높다는 이론을 세웠다. 많은 동료 학자들에게는 그의 주장이 터무니없어 보였지만, 몇 년 뒤 동료 진화이론가인 앨프리드 러셀 월리스는 아프리카에서 주둥이 길이가 거의 20센티미터에 달하는 크산토판 모르가니(*Xanthopan morgani*)라는 커다란 박각시나방이 발견된 적이 있다는 점을 강조하면서 다윈의 이론을 지지하는 논문을 썼다. 월리스는 아프리카에 그런 나방이 존재한다면, 마다가스카르의 숲에 주둥이 길이가 30센티미터에 달하는 나방도 분명히 살 수 있다고 예측했다. 불행히도 다윈은 생전에 자신의 예측이 실현되는 것을 보지 못했다. 그러나 1903년 마다가스카르에서 주둥이가 그 정도 길이에 달하는 박각시나방 집단이 마침내 발견되었다. 그 나방을 발견한 연구진은 크산토판 모르가니 프라이딕타(*Xanthopan morganii praedicta*)라는 이름을 붙였다. 크산토판 모르가니의 예측된 아종(亞種)이라는 뜻이다.

비록 다윈이 현화식물의 생활을 파악하고 꽃가루를 어떻게 퍼뜨리는지 이해할 수 있었다고 해도, 그들의 세계에는 그가 결코 진정으로 이해할 수 없었던 근본적인 측면이 하나 있었다. 그는 현화식물이 어떻게 지질학적으로 그 짧은 기간에 그렇게 엄청난 다양성을 이룰 수 있었는지를 이해하지 못했다. 식물은 거의 5억 년 동안 꽃이 없는 상태로 존재했는데, 현화식물은 겨우 수백만 년 사이에 화석 기록상 주류 형태가 되었다. 다윈은 1879년 조지프 후커에게 보낸 편지에서 현화식물이 갑작스럽게 적응방산을 했다는 점에 당혹감을 드러냈다. "우리가 판단할 수 있는 한, 최근의 지질시대에 모든 고등한 식물이 급속히 발달했는데, 그것은 정말로 수수께끼라네." 그것은 지구의 나머지 생물들에 관해서 그가 개괄했던 '자연선택' 이론에 반했다.

다윈은 종들이 생존을 위해서 경쟁하고 자신의 유전자를 대물림하려고 번식 경쟁을 벌이는 과정들을 관찰했고, 그 관찰을 토대로 진화론을 구축했다. 진화는 종이 여러 세대에 걸쳐 새롭고 유리한 형질을 획득하는 과정이었다. 갈라파고스 제도의 새, 곤충, 파충류를 예리하게 관찰하고, 비글 호 항해 때 모은 멸종한 동물들의 화석도 면밀히 살펴본 다윈은 시간이 흐르면서 생물에게 일어나는 변화가 느리고 점진적인 과정임을 알아차렸다. 그는 자신의 저서 『자연선택을 통한 종의 기원에 대하여』에 이렇게 썼다. "자연선택은 오직 조금씩 이어지는 변이를 이용함으로써 작용한다. 결코 갑작스러운 큰 도약을 취할 수 없으며, 비록 느리게 단계적으로 진행된다고 해도 조금씩 확실하게 나아가는 것이 틀림없다."

그러나 다윈은 현재의 현화식물들의 엄청난 다양성은 볼 수 있었지만, 화석 기록에는 그가 예상했던 비현화식물에서 현화식물로의 느리고 점진적인 전이 양상이 전혀 나타나지 않았다. 다윈은 꽃들이 이렇게 갑작스럽게 출현한 듯한 상황이 진화법칙 자체와 모순된다고 생각했다. 석탄기 화석을 보면, 육지의 식물은 속새류와 초기 종자식물이 주류였다. 공룡 시대의 화석에서는 소철류와 은행나무류, 양치류가 주류였다. 그러다가 1억3,000만 년 전인 백악기(Cretaceous period) 화석에서 갑자기 현화식물이 출현하여 폭발적으로 불어나서 육지를 정복했다. 이 짧은 기간에 우리가 오늘날 보는 주요 현화식물 집단들이 모두 출현했다. 현화식물 종들은 서로 모습이 달랐을 뿐만 아니라, 번식방식도 제각각이었다. 바람에 꽃가루를 날리는 비교적 단순한 방식을 쓰는 종부터, 곤충 꽃가루 매개자를 꾀는 더 복잡한 일을 하는 꿀로 채워진 기관을 이용하는 종에 이르기까지 다양했다. 이 갑작스럽게 분출한 진화 양상은 다윈뿐만 아니라 지난 120년 동안 식물학자들에게 고민거리를 안겨주었다.

다윈은 화석 기록이 한 시대를 살던 생물들을 전부 보여주는 완벽한 스냅 사진이 아님을 알고 있었지만, 화석 기록을 이용하여 현화식물이 갑작스럽게 불어난 이유를 설명하고자 애썼다. 몸의 속이나 겉에 뼈대가 있어서 화석으로 남기 쉬운 동물들과 달리 식물은 딱딱한 부위가 없기 때문에, 초기 현화식물로 이어지는 중간단계의 식물들은 죽으면 분해되어 사라졌을 가능성이 있다. 다윈은 후커에게 보낸 편지에서, 현화식물이 서서히 진화했지만 화석이 아직 발견되지 않은 것일 수도 있다고 주장했다. 캄브리아기에 꽃을 찾는 곤충들이 갑자기 늘어나면서 현화식물의 진화를 촉진했을 수 있다는 주장도 나왔다. 동물 세계에서는 특정한 동물로 이어지는 중간단계들 중 상당수를 알아볼 수 있는 사례들이 많다. 뱀, 돌고래, 고래의 배아는 발생단계에서 다리의 흔적을 보여주는 일종의 싹을 내민다. 이 싹은 그들의 진화적 과거를 보여주는 단서이다. 싹은 다시 쪼그라들어서 그 동물들이 부화하거나 태어나기 전에 사라진다. 하지만 식물은 동물처럼 이런 진화적 요소나 특징을 보전하고 있지 않으며, 더 원시적인 친척 종들을 연구하여 현화식물로 이어지는 단계들을 추적하는 일은 훨씬 더 어렵다. 게다가 현화식물 중 어느 정도 원시적인 집단에 속한 종들의 꽃이 멸종한 종자식물의 친척들이 가졌을 것으로 추정되는 원시적인 형태의 꽃과 형태가 전혀 다르다는 점도 어려움을 가중시킨다. 따라서 현화식물의 진화사를 설득력 있게 재구성한다는 것은 너무나 어려운 일이다.

그러나 다윈의 시대 이래로 새로운 화석들이 발견되고 유전학 분야에서 상당한 발전이 이루어진 덕분에, 우리는 현화식물의 기원이라는 수수께끼를 푸는 일을 시작할 수 있다. 1980년대 중반에 유전학자 마크 체이스를 중심으로 전 세계의 과학자 40여 명이 모여서 공동으로 대규모 연구 프로젝트를 실행에 옮겼다. 연구진은 여러 해에 걸쳐서 500종이 넘는 현화식물들에서 동일한 유전자를 추출하여 세심하게 서열을 분석했다. 1990년대 초가 되자, 비교 작업을 시작할 수 있을 만큼 정보가 축적되었다. 연구진은 유전자 서열의 유사성을 비교함으로써, 어떤 식물들이 서로 유연관계가 더 깊은지 알아낼 수 있었다. 그리고 독자적으로 진화했다고 볼 수 있는, 서열이 상당한 차이를 보이는 유전자들을 가진 식물들도 찾아냈다. 그들은 이 자료들을 종합하여 현화식물의 정확한 진화 계통수(系統樹)를 작성할 수 있었고, 1993년에 연구 결과를 발표했다. 그로부터 15년 뒤, 플로리다 대학교의 연구진은 이 진화 계통수를 토대로 다양한 현화식물들이 언제 출현했는지를 보여주는 더 복잡한 연대표를 작성했다. 그들은 현생 식물들의 유전자를 연대가 알려진 화석상의 조상들과 연관지을 수 있는지 조사함으로써, 특정한 유전자가 시간이 흐르면서 얼마의 속도로 변했는지 밝힐 수 있었다. 이 계산의 산물인 유전자 시계를 이용하여 연구진은 최초의 현화식물이 언제 출현했는지를 추정할 수 있었다. 이 연구를 통해서 최초의 현화식물이 출현한 시기를 추정한 이전의 값이 1,000만 년 정도 어긋나 있었다는 충격적인 사실이 드러났다. 즉 최초의 현화식물은 더 이른 시기인 1억4,000만 년 전에 진화했다는 것이다. 그러나 플로리다 대학교 연구진이 내놓은 결과도 현화식물이 겨우 500만 년 동안에 빠르게 적응방산을 거쳤음을 시사한다는 점에서는 다를 바 없었다.

식물이 어떻게 마치 속임수를 쓴 듯한 진화를 이룰 수 있었는지, 즉 백악기에 상대적으로 거의 눈에 띄지 않던 현화식물에서 어떻게 그렇게 단기간에 온갖 꽃 구조를 발달시킬 수 있었는지를 놓고 그 뒤로도 논쟁과 이론 제시가 계속되었다. 그러다가 과학자들은 설명을 찾아냈다고 믿었다. 일부 식물들에서 나타나는 유전적 불운인 배수성(倍數性, polyploidy)이 우연의 일치로 행운을 안겨주었다는 것이다. 식물이든 동물이든 암수의 생식세포는 염색체가 절반인 반수체(半數體)이며, 두 생식세포가 결합함으로써 이배체(二倍體)인 다음 세대가 생성되는데, 이 과정에서 때로 부모의 유전정보 중 일부가 중복되어 다음 세대로 전달되기도 한다는 사실이 알려져 있었다. 인간을 예로 들자면, 우연히 유전정보가 추가로 삽입되면, 아이의 건강에 심각한 문제를 일으킬 수 있다. 인간의 염색체는 46개인데, 그중 1개만 더 중복되어도 다운 증후군 같은 증상이 나타나며, 2개 이상 중복되면 치명적일 것이다. 그러나 구조가 비교적 단순한 현화식물은 유전정보가 우연히 중복되어도 건강하게 살아갈 수 있다는 사실이 드러났다. 유전체 전체(즉 모든 염색체)가 통째로 중복되는 극단적인 일이 벌어져도 마찬가지였다. 식물 종은 이런 배수성 사건을 견뎌낼 수 있을 뿐만 아니라, 실제로 그런 사건을 토대로 삼아 더 번성할 수 있는 듯하다.

유전정보를 대량으로 중복할 수 있는 현화식물의 능력이 비정상적인 속도로 그들의 다양성이 급증할 수 있었던 한 요인이었다는 주장은 오래 전부터 있었다. 1970년대에는 진화사의 어떤 시기에 유전체의 일부 또는 전부가 중복되어 늘어나는 사건을 겪은 현화식물이 30-80퍼센트에 달한다는 연구 결과도 나왔다. 배수성이 일어난 식물은 대개 더 왕성하게 자란다. 그 뒤로 과학자들은 많은 다양한 현화식물 집단들의 계통을 추적했고, 번식률이 높은 볏과, 가지류, 콩과, 겨자류 같은 현화식물 집단들의 급속한 적응방산이 실제로 많은 배수성 사건들의 결과임을 보여주는 증거들을 찾아냈다. 그렇다면, 오늘날 약 40만 종에 이르는 다른 현화식물 집단들은 어떨까?

1억4,000만 년 전 갑작스럽게 폭발적으로 불어난 현화식물의 다양성을 정확히 어떻게 설명해야 할지는 아주 최근까지도 추측 수준을 벗어나지 못했다. 그러다가 2011년 멜버른에서 열린 국제식물학회의 학술대회에서 스웨덴 자연사 박물관의 고생물학자 엘세 마리에 프리스가 포르투갈의 카테피카, 토레스베드라스, 파말리캉의 석탄지대에서 지금까지 발견된 적이 없는 절묘하게 보존된 원시적인 꽃

위 **누파르 루테아**(*Nuphar lutea*) 이 노란 개연꽃은 최초의 현화식물의 현생 친척 중 가장 오래된 종에 속한다.

화석을 연구한 내용을 발표했다. 백악기 초의 화석으로 삼차원으로 보존된 것도 많았다. 이 놀라운 화석 덕분에 우리는 진화를 시작할 당시의 꽃이 어떤 모습이었는지를 처음으로 엿볼 수 있게 되었다. 이 화석은 지구에 출현한 현화식물의 첫 단계가 어떠했는지를 놀라울 만큼 상세히 보여준다. 현대의 해바라기와 흡사하게 생긴 작은 꽃들이 다닥다닥 붙어서 더 커다란 꽃차례를 이룬 것도 있었고, 지름이 2밀리미터에 불과한 작은 꽃 한 송이가 달랑 달려 있는 식물도 있었다. 대부분은 꽃의 구성요소들을 거의 갖추지 않은 듯했고, 오늘날 대다수 꽃의 특징인 꽃잎과 그것을 보호하는 바깥 구조인 꽃받침이 없는 것도 많았다. 그 화석들에서는 씨와 꽃가루도 상당수 발견되었으며, 과육질의 외피가 있는 열매도 아주 많았다는 점으로 볼 때, 동물들이 이런 식물들의 씨를 퍼뜨리는 데에 핵심적인 역할을 한 듯했다. 프리스의 화석은 다윈의 시대에 존재하던 화석들보다 약 3,000만 년 더 앞선 시대의 현화식물이 어떤 모습이었는지를 보여주는 듯했다. 오늘날 우리가 보는 꽃들을 낳은 특징들을 식물이 언제 획득했는지를 말이다. 배수성 사건들이 이따금 고대 현화식물의 형태와 모양의 변화를 가속시키곤 했다는 점은 분명하지만, 이 화석들은 현화식물의 전반적인 증가가 다윈이 생각했던 것보다 훨씬 더 점진적으로 이루

어졌고, 지구의 다른 모든 생물들과 마찬가지로
현화식물에서도 점진적인 변화라는 과정을 통해
서 각종 구조가 진화해왔음을 보여주었다.

이 최초의 꽃이 백악기 초의 석탄 속에 갇혀서
불멸의 존재가 된 이래로, 속씨식물(angiosperm)—오늘날 알려진 모든 현화식물
을 가리키는 용어—은 계속 다양화하면서 엄청나게 많은 분화한 종들을 낳았
다. 각 종은 나름의 방식으로 꽃가루 매개자를 꾀어서 꽃가루를 옮긴다. 고대의
소철과 침엽수에 비해서 빨리 생장하고 기후 변화에 더 잘 견딜 수 있었기 때문
에, 현화식물은 곧 지구에서 가장 많은 종을 거느린 식물 집단이 되었다. 최초의
현화식물의 친척들은 지금도 살아가고 있다. 그중 가장 오래된 것은 뉴칼레도니
아의 운무림(雲霧林)에서 사는 암보렐라속(*Amborella*)과 개연꽃속(*Nuphar*)이다.
초기 속씨식물의 꽃가루를 옮긴 매개자는 밑들이(scorpion fly) 같은 날아다니는
곤충이었을 것이며, 그들은 종자고사리의 꿀에 어느 정도 익숙했기 때문에 최초
의 꽃에도 쉽사리 이끌렸을 것이다. 속씨식물의 꽃들은 특정한 유형의 꽃가루 매

개자를 더 잘 뀔 수 있는 방향으로 빠르게 적응해나갔다. 시간이 흐르면서 꽃들은 더 커지고 더 화려해지고 더 짙은 향기를 풍기게 되었다. 꽃들이 특정한 동물을 유혹하는 방향으로 진화하기 시작함에 따라, 꽃가루 매개자들도 특정한 꽃의 꿀을 빨거나 양분이 많은 꽃가루를 먹는 능력을 최대화하는 방향으로 진화했다.

아마존의 서쪽 숲에 사는 구스타비아 롱기폴리아(*Gustavia longifolia*)는 현화식물이 얼마나 창의적인 방식으로 꽃가루를 퍼뜨리는지를 보여주는 멋진 사례이다. 큐의 왕립 식물원에서 이 식물을 연구한 열대 원예학자들은 짙은 보라색의 다육질(多肉質)인 꽃이 다른 개체의 꽃에 꽃가루를 옮길 가능성이 높은 특정한 종류의 벌만이 꽃가루를 가져갈 수 있도록 아주 영리한 방법을 채택했다는 사실을 밝혀냈다. 야행성 벌의 한 종이 꽃의 수술들 사이를 기어다니면서 그 안에 든 꿀을 먹는다. 벌은 그 달콤한 액체를 빨아먹는 동안 자주 날갯짓을 하며, 그럴 때 꽃은 격렬하게 흔들린다. 이 흔들리는 힘은 지구 중력의 30배에 달한다. 이렇게 격렬하게 흔들릴 때 꽃밥도 뒤흔들리며, 그 과정에서 끈적거리는 노란 꽃가루가 떨어져서 벌의 등에 쏟아져내린다. 진동 꽃가루받이(buzz-pollination)라는 이 영리한 방식은 서로 유연관계가 없는 전 세계의 많은 꽃들에서도 쓰이고 있다. 한 예로 토마토의 꽃은 벌의 몇몇 종에만 꽃가루를 방출한다. 넓은 밭에서 토마토를 재배하는 농민들은 소리굽쇠나 전동 칫솔의 진동을 이용하여 꽃이 꽃가루를 방출하도록 시도했지만, 수백만 년 동안 토마토와 함께 진화한 호박벌에는 비할 수가 없었다.

현화식물은 지구에서 가장 성공한 생명체에 속하며, 알려진 거의 모든 서식지에 살고 있다. 그들의 꽃가루를 옮기는 동물 중에서 가장 왕성하게 활동하는 것은 벌이지만, 그 외에도 많은 동물 종들이 꽃가루를 옮기는 일을 한다. 백악기 초의 원시적인 꽃보다 조금 뒤에 출현한 조상들에서 유래한 수련과 목련 같은 몇몇 현생 식물들은 파리와 딱정벌레를 꾀어 꽃가루를 옮기게 하는 등 다양한 전술들을 개발했다. 그들은 유혹적인 냄새와 강렬한 파란색, 선명한 분홍색, 매혹적인 노란색의 꽃으로 곤충을 꾈 뿐만 아니라, 열도 낼 수 있다. 열 발생(thermogenesis)이라는 이 능력이 더해짐으로써, 꽃은 영양가 풍부한 꽃가루뿐만 아니라 따뜻한 착륙장까지 제공할 수 있다. 따라서 그 꽃은 들를 곳을 찾아 돌

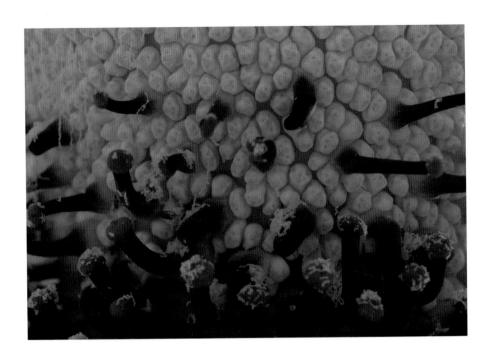

아다니는 곤충이 혹할 만한 장소가 된다.

조류 중에서는 벌새가 정글에서 선홍색을 띤
인동덩굴류의 꽃에서 꽃가루를 옮기는 매개자
역할을 한다. 이들은 긴 부리를 이용하여 나팔

모양의 꽃에서 꿀을 빨아먹는다. 나방은 에키노프시스(*Echinopsis*)와 셀레니케레
우스(*Selenicereus*) 같은 선인장이 밤에 피우는 꽃처럼 더 창백한 꽃의 꽃가루를
옮기며, 나비는 아시아의 부들레야(buddleja)나 아메리카의 시계꽃처럼 분홍색이
나 연한 보라색을 띤 수천 종의 열대 꽃들에서 꽃가루를 옮긴다. 달팽이와 민달
팽이는 이 식물 저 식물로 옮겨다니면서 여기저기 꽃가루를 문대며, 모기는 일부
난초 종의 꽃가루를 옮긴다. 포유동물도 지상과 공중에서 수백 종의 꽃가루를
옮긴다. 심지어 모리셔스 섬에서는 도마뱀이 먹을 열매를 찾아 돌아다니다가 특
정한 식물의 아주 단단하게 붙어 있는 꽃 사이로 끈적한 꽃가루를 옮긴다.

꽃이 출현한 이래로, 동물 세계는 식물 세계와 결코 떼어낼 수 없이 연결되었
고, 지난 1억4,000만 년 동안 함께 진화해왔다. 이 관계는 대부분 양쪽 모두에
이득이다. 동물은 먹이를 얻고, 식물은 자신의 DNA를 퍼뜨릴 수 있기 때문이다.
동물의 먹이 욕구를 잘 활용하면서 자신의 꽃가루를 옮기게끔 하는 능력은 식

물이 획득한 가장 탁월한 형질이며, 먹이를 얻고자 기다리는 동물이 있는 한, 현화식물은 지구에서 가장 매혹적인 주류 생물로 남아 있을 것이다.

빅토리아 시대 이후로도 인류는 계속 꽃에 매료되었고, 지금도 난초에 집착하는 이들이 여전히 많으며, 수천 종의 다양한 꽃들이 전 세계의 정원과 온실에서 재배되고 찬미되고 있다. 우리의 지속적인 꽃 사랑은 오늘날 큐에 있는 왕립 식물원의 화단에 구현되어 있다. 유네스코 세계문화유산으로 등재된 이곳에는 세계 각지에서 온 현화식물들이 자라고 있으며, 해마다 200만 명이 넘는 사람들이 식물 세계의 다양성을 보며 경탄한다. 야자수관(Palm House)에는 전 세계 정글에서 온 이국적인 열대 식물들이 자라며, 온대 식물관(Temperate House)에는 아시아, 오스트레일리아, 아프리카, 아메리카에서 온 온대와 아한대의 식물 수천 종이 들어 있다. 그러나 이 식물원에서 가장 사람들의 관심을 끄는 식물은 더 최근에 건축된 온실에 있다. 바로 왕세자비 온실(Princess of Wales Conservatory)인데, 최첨단기술이 적용된 이 온실에는 1876년 아시아에서 발견된 이래로 지금까지 관람하는 모든 이들의 관심을 끄는 식물이 있다. 바로 시체꽃(*Amorphophallus titanum*)이다.

이탈리아 식물학자 오도아르도 베카리가 처음 이 식물을 발견했다. 그는 수마트라의 열대 지역을 탐사하던 중에 이 식물과 마주쳤다. 그는 씨를 조금 받아서 서둘러 유럽으로 보냈고, 그중 몇 개가 싹을 틔웠다. 그렇게 자란 어린 식물 중 한 그루가 큐로 옮겨졌다. 그 식물은 큐에서 10년 동안 생장하면서 장엄한 잎을 펼쳤고, 이윽고 작은 나무만큼 커졌다. 그러다가 1889년에 마침내 처음으로 꽃을 피웠다. 놀랍게도 이 굉장한 식물에서는 괴물처럼 생긴 꽃이 하나 피었는데, 높이가 약 2미터에 달하는 식물 자체만큼 컸다. 시체꽃은 세계에서 가장 큰 꽃을 피우는 것이 분명해 보였다. 그러나 더 자세히 살펴보니, 토템(totem) 기둥처럼 생긴 커다란 구조물이 사실은 수천 송이의 작은 꽃들로 이루어져 있다는 사실이 드러났다. 시체꽃은 정의상 하나의 꽃이 아니라 꽃차례이다. 따라서 가장 큰 꽃이라는 영예는 기생하는 종인 라플레시아 아르놀디(*Rafflesia arnoldii*)의 지름이 1미터에 달하는 꽃에 돌아간다. 이 종도 수마트라의 열대림을 비롯하여 동남 아시아에서 자란다. 그렇다고 해도 시체꽃은 식물계의 거인이며, 가장 큰 꽃은 사람의 키보다도 훨씬 더 높이 3미터까지도 자란다. 자세히 보면 녹색과 크림색의

꽃들이 달려서 얼룩덜룩한 긴 꽃차례를 보라색의 불염포(佛
焰苞, spathe)가 감싼 모습이며, 꽃차례에는 암꽃과 수꽃이
달려 있다.

시체꽃은 단 이틀 동안만 개화하기 때문에, 가능한 한 빨리 많은 꽃가루 매개
자들을 끌어들여야 하는데, 이때 고약하고 불쾌한 악취를 내뿜는 방법을 쓴다.
흔히 썩은 고기나 상한 유제품, 불에 탄 설탕의 냄새와 비슷하다고 하는데, 꽃
차례에서 만들어지는 황화합물에서 나는 냄새이다. 막 핀 꽃의 악취는 사실 너무
나 고약해서 큐 식물원에서 처음 그 꽃이 피었을 때, 그림을 그리러 온 화가는 악
취를 너무 오래 맡아서 그만 앓아눕고 말았다. 개화한 직후에 꽃차례의 밑동에
서는 약 36도의 열이 나기 시작한다. 이 열은 대류현상을 일으켜서 고약한 냄새
가 밤공기를 타고 더 멀리 퍼지도록 돕는다. 이 식물은 저장해둔 탄수화물을 태
움으로써 몇 시간 동안 주기적으로 열을 내며, 그 결과 임관(林冠) 아래쪽의 더
차가운 공기층을 밀어내며 마치 솟구치듯이 냄새가 주기적으로 뿜어진다. 일단
공기층을 뚫고 올라간 냄새는 숲 속으로 멀리 퍼져서 꽃가루 매개자들의 후각기

관을 자극할 수 있다. 이 냄새를 맡은 송장벌레와 쉬파리는 썩어가는 고기가 있을 것이라고 기대하고 서둘러 꽃을 향해 날아와서 꽃차례에 머리를 박을 것이다. 교묘하게도 시체꽃의 암꽃과 수꽃은 제꽃가루받이가 일어나지 않도록 서로 다른 날 밤에 핀다. 첫날 밤에는 아래쪽에 있는 암꽃이 피며, 둘째 날 밤에는 위쪽에 있는 수꽃이 핀다. 고약한 냄새의 근원을 찾아 꽃으로 날아든 곤충들은 불염포로 감싸인 깊은 안쪽에 갇히게 된다. 빠져나오려면 꽃차례를 타고 기어올라야 하며, 그럴 때 온몸에 꽃가루가 묻는다. 그들은 다른 꽃으로 날아갔다가 다시금 바닥 쪽에 갇혔다가 기어오르면서 이 꽃 저 꽃으로 꽃가루를 옮긴다. 1800년대 이래로 시체꽃은 전 세계의 식물원들에서 무수히 꽃을 피웠으며, 지금은 꽃이 필 때면 특별 공개행사를 벌이곤 한다. 아마 그중에서는 1926년에 큐 식물원에서 열렸던 공개행사가 가장 유명할 것이다. 소문으로 떠돌던 이 놀라운 꽃을 직접 보고 냄새를 맡겠다고 너무나 많은 사람들이 몰려드는 바람에, 경찰관들이 출동해야 했다. 현재 시체꽃은 전 세계의 식물원과 개인 소장자들의 정원과 온실에서 자라고 있지만, 지금도 여전히 꽃이 필 때면 언론에 기사가 나곤 한다.

오늘날 현화식물의 다양성은 진정으로 엄청난 수준이며, 우리는 짙게 깔린 어둠 속에서만 꽃을 피우는 난초, 죽을 때에만 꽃을 피우는 야자나무, 놀라우리만치 다양한 곤충들을 모방한 꽃들, 심지어 다른 꽃을 모방하는 꽃 등, 이 놀라운 식물들의 구성원들을 계속 발견하고 있다. 식물은 4억 년이 넘는 기나긴 역사를 거치면서 생존과 번식에 기여하는 많은 놀라운 전략들을 개발해왔으며, 꽃의 진화는 분명히 그 가운데에서도 가장 탁월한 전략에 속한다. 꽃 덕분에 속씨식물은 양치식물과 침엽수의 조상보다 종 수가 20배나 더 많아졌으며, 인류와 식물의 관계도 더 깊어졌다. 곡물과 설탕을 제공하는 볏과 식물, 우리가 먹는 많은 과일과 채소, 면화, 커피와 초콜릿, 건축 재료를 제공하는 나무 등, 오늘날 인류를 지탱하는 식물들 중 상당수는 현화식물들이 진화적으로 성공을 거둠으로써 얻은 산물들이다.

3

식물의
형태와
기능

"인류는 역사 내내 자연에서
패턴을 찾아왔다."

인류가 진흙, 짚, 나무와 덩굴로 처음 집을 짓기 오래 전부터 식물은 유기물을 이용하여 다양한 구조물들을 만들었으며, 시간이 흐를수록 점점 더 나은 것을 창안했다. 식물은 속도와 크기를 이용하여 경쟁에서 이기고 적들을 압도한다. 바람이 휘몰아치는 산비탈의 노출된 곳에서 식물은 인내력과 생장하기에 알맞은 시기를 포착하는 능력을 이용하여 혹독한 겨울에도 살아남는다. 그리고 가장 황량한 사막에서도 극단적인 구조물을 이용하여 몸을 보호하며, 화학적 전술을 펼쳐서 적으로부터 자신을 보호한다.

오늘날 우리가 주변 세계에서 볼 수 있는 종들은 자신의 진화 역사의 흔적을 간직하고 있다. 그들은 자신의 유전자를 퍼뜨리는 데에 더 성공한 종들이다. 줄기에 난 가시, 잎에 불룩 솟은 돌기, 가지에 달린 장과(漿果, berry) 하나하나는 수백만 년에 걸쳐 축적된 진화의 결과물이다. 식물 세계에 존재하는 극단적인 모양과 구조들에는 저마다 그것을 설명해줄 특정한 기후나 생활양식에 관한 적응과 생존의 이야기가 담겨 있다.

지구의 모든 주요 서식지마다 그 조건에 들어맞는 특정한 식물들이 살고 있다. 그것이 가뭄에도 끄떡없는 사와로 선인장(saguaro cactus)이 습한 우림 한가운데에서 살 수 없고, 열대의 마호가니 나무가 사막에서는 뿌리를 내리지 못하는 이

유이다. 4억5,000만 년에 걸쳐 진화하는 동안, 육상식물의 각 종은 저마다 특정한 환경에서 살아남는 도구의 집합을 갖추었다. 어느 종은 숲에서, 어느 종은 초원에서, 또 어느 종은 사막에서 살아남도록 적응했다. 각 서식지에서 기온, 물과 빛의 양, 지형 자체에 따라서 어느 식물 집단이 번성할 수 있을지가 결정된다. 그리고 그 서식지에서 이미 살고 있는 동식물들은 다른 종의 유입을 제약하거나 촉진할 수 있다. 이런 식으로 식물, 동물, 균류로 이루어지는 얽히고설킨 생명의 그물을 중심으로 복잡한 생태계가 구축된다. 그곳에서 각 종은 먹이사슬의 더 아래 단계에 있는 종들에 의지해 살아가며, 자신은 먹이 사슬의 더 위에 있는 종들의 먹이가 된다.

숲이 우거진 서식지는 데본기 대폭발 때 식물이 처음 출현했을 당시와 가장 비슷한 환경을 제공하며, 오늘날 생물 다양성이 가장 높은 곳이기도 하다. 우림은 전 세계 동식물 종의 50퍼센트 이상을 품고 있으며, 열대우림, 아한대림, 온대림을 다 합치면, 지구 육지 면적의 30퍼센트를 차지한다. 따라서 숲은 이산화탄소를 흡수하고 우리 생물권에 산소를 공급한다는 측면에서 볼 때 가장 중요한 서식지 유형이다. 역사적으로 숲은 캄브리아기 말에 지구가 빙하기에 진입했을 때, 생존자들을 보호함으로써 생명선이 되어왔다. 그 서식지의 식물들은 그럭저럭 살아남은 반면, 다른 곳의 식물들은 춥고 건조한 기후에 시달리다가 모두 사라졌다. 현재 이 숲들은 약 1억3,500만 년의 역사를 가진, 지구에서 가장 오랜 기간 이어져 내려오는 서식지를 이루고 있다. 그에 비해서 아마존의 드넓은 열대우림은 4,000만 년밖에 되지 않은 비교적 어린 숲이다. 이 행성에 존재하는 식물들의 DNA가 피신했던 고대 숲을 우리는 오늘날에도 여전히 방문할 수 있다. 오스트레일리아 퀸즐랜드의 북동 해안에 있는 데인트리 우림 같은 곳을 말이다.

현대의 숲에서는 나무들이 경관을 지배하며, 층층이 놓인 잎과 가지들은 다른 많은 생물들이 자랄 수 있는 생태 지위들을 만든다. 가장 높이 자란 나무들은 다른 모든 식물들보다 더 높이 뻗을 수 있는 넓은 수관(樹冠)을 통해서 대부분의 빛을 흡수하는 혜택을 누리는 반면, 그보다 아래에 사는 식물들은 잎과 가지의 층들을 통해서 걸러져 들어오는 한정된 빛을 가장 잘 이용하도록 적응해야 한다. 그러나 임관(林冠)의 꼭대기까지 자란 나무들은 가장 뜨거운 열기와 가장 낮은 습도를 견뎌야 한다. 숲에서 가장 큰 나무들 중에는 지구에서 가장 큰 식

물도 있다. 캘리포니아 중부의 상록수림에서 자라는 자이언트세쿼이아(*Sequoiadendron giganteum*)가 대표적이다. 가장 큰 것은 높이가 80미터를 넘으며, 작은 집 40채를 지을 만큼의 목재가 들어 있다. 나무 한 그루에 많으면 100종에 달하는 다른 동식물 종들이 살 수 있다. 리아나(liana)라는 목질의 덩굴은 수관 꼭대기의 빛을 받기 위해서 키가 큰 나무의 줄기를 감아 올라간다. 그들은 다른 식생에 완전히 기대어 자라기 때문에 스스로를 지탱해줄 구조를 만드는 쪽으로는 에너지를 거의 투자하지 않으며, 그 결과 빠르게 생장하고 잎을 만드는 쪽으로 모든 자원을 쏟을 수 있다. 아프리카, 아시아, 아메리카의 열대림에는 2,500종이 넘는 리아나가 산다. 그들은 생장할 때에는 나무줄기에 매달린 가느다란 상태이지만, 생장을 마치면 나무줄기 자체만큼 튼튼해 보이는 대단히 굵은 줄기가 된다. 일부 숲에서는 리아나가 수관의 잎 중 40퍼센트 이상을 차지하기도 한다.

　리아나는 숲 바닥에서 물과 양분을 빨아들이지만, 수관 꼭대기까지 뻗어올라가려면 양분을 긴 줄기를 통해서 엄청난 높이까지 운반할 수 있어야 한다. 심한

오스트레일리아의 데인트리 우림은 지구에서 가장 오랫동안 유지되어온 서식지이다.

위 **기어오르는 덩굴**

리아나의 관다발은 수관을 뚫고
수백 미터 높이까지 물을 운반할
수 있도록 진화했다.

경우에는 900미터까지도 끌어올려야 한다. 리
아나가 진화함으로써 식물계에서 가장 발달한
물 수송체계 중 하나가 출현한 셈이다. 반면에
긴 뿌리가 아예 필요 없이 숲의 나무들이 조성
한 구조의 높은 곳에서 살아가는 방법을 터득한 식물 집단도 있다. 이들을 착생
식물(着生植物, epiphyte)이라고 한다. 이들은 땅속으로 뻗는 뿌리는 없지만, 대
신에 임관의 높은 곳에 있는 가지에 쌓인 유기물에서 양분과 물을 흡수할 수 있
는 짧은 뿌리가 있다. 이들은 필요한 물을 모두 공중에서 흡수해야 하므로, 아
주 습한 환경에서만 번성할 수 있고, 열대의 고산림에서는 나무들이 온갖 착생
식물로 뒤덮일 수 있다. 착생식물에는 온대림의 이끼와 지의류도 포함되지만,
난초와 양치류, 몇몇 열대의 선인장 같은 더 복잡한 식물들도 많다. 그러나 나
무 위 생활의 진정한 대가라고 할 수 있는 식물 집단은 바로 탱크브로멜리아드
(tank bromeliad)이다. 파인애플의 친척인 탱크브로멜리아드는 남아메리카 우림
에서 나뭇가지에 달라붙어 살아간다. 녹색의 넓은 다육질 잎을 가진 것에서부터
작고 섬세한 보라색과 붉은색의 구조물을 가진 것에 이르기까지 색깔과 모양이

놀라우리만치 다양하다. 이들의 넓은 잎들은 로제트(rosette, 민들레처럼 잎이 방사상으로 펼쳐져 나는 모양/역주)로 배열되어 바구니 모양을 이룬다. 이 잎들은 임관 사이로 똑똑 떨어지는 빗물을 받아 한가운데의 물 저장소로 모은다. 잎들은 아래쪽이 아주 촘촘하게 달라붙어 있어서 새지 않는 물탱크 역할을 한다. 탱크브로멜리아드 중 가장 큰 종은 잎들 사이에 무려 50리터의 물을 담을 수 있으며, 푸에르토리코에서 수행된 한 연구에 따르면, 이런 식으로 우림 1헥타르당 무려 5만 리터의 물이 저장될 수 있다고 한다. 작은 수영장을 채울 만한 양이다.

위 **탱크브로멜리아드**
이 식물은 나무 위에서 많은 동물들에게
살 집을 제공한다.

브로멜리아드의 밑동에 고인 이 작은 공중 호수는 숲 바닥에서 겪는 위험을 피할 만한 곳을 찾는 몇몇 종들에게 완벽한 집이 된다. 모기 같은 곤충들은 이 물에 알을 낳고, 편형동물은 잎 사이를 피신처로 삼는다. 이렇게 곤충들이 풍부하므로, 몸집이 더 큰 온갖 동물들이 무척추동물을 포식하고자 이 연못에 들르곤 한다. 몸길이가 2.5센티미터쯤 되는 도롱뇽은 상대적으로 안전한 이 식물에서 먹이를 찾아먹곤 하며, 자메이카에 있는 일부 브로멜리아드의 연못에서 사는 작은 게는 도마뱀과 노래기에 맞서 세력권을 방어하는 행동을 한다. 작은 독화살개구리는 공중 연못의 가장 잘 알려진 거주자에 속하며, 일부 종은 올챙이 때부터 성체에 이르러서까지 생애 전부를 브로멜리아드의 연못 속에서 은둔하며 살아간다. 최근에 에콰도르의 브로멜리아드에 얼마나 많은 동물들이 사는지 조사했더니, 이 식물을 집으로 삼는 동물들이 무려 300종에 달했다. 하지만 브로멜리아드가 이 동물들에게 그냥 집을 제공하는 것은 아니다. 오히려 브로멜리아드는 그들을 거주시킴으로써 양분을 얻을 수 있다. 연못에 모인 곤충들을 잡아먹은 개구리와 도롱뇽은 소화되고 남은 찌꺼기가 포함된 배설물을 남기는데, 그것은 브로멜리아드에 질소가 풍부한 핵심적인 영양 공급원이 된다.

숲의 바닥에 사는 식물들은 땅에 뿌리를 내리는 더 전통적인 방식으로 살아간다. 비록 이 식물들은 수관 꼭대기에서 접할 수 있는 화려한 햇빛의 약 2퍼센트밖에 받지 못할지라도, 눈에 보이지 않는 수많은 세균과 균류가 만드는 영양가 많은 유기물 층에서 직접 자랄 수 있다는 이점이 있다. 이곳에 사는 종들은 이리저리 뻗어나가면서 숲 바닥을 두툼한 양탄자처럼 만들며, 수많은 적응형질을 이용하여 숲의 하층에서 번성할 수 있다. 멕시코 남부의 숲에 사는, 잎에 줄무늬가 있는 얼룩자주달개비(*Tradescantia zebrina*)는 그런 생존전략 중 하나를 보여준다. 이 식물의 잎 뒷면은 안토시아닌(anthocyanin)이라는 색소 때문에 보라색을 띤다. 빛이 녹색을 띤 잎의 윗면을 통과할 때, 뒷면의 보라색 세포들은 마치 거울처럼 작용하여 빛을 반사시켜 되돌려 보낸다. 그 결과 엽록소는 빛 에너지를 최대한 많이 흡수할 수 있다. 잎의 크기를 늘리는 물리적인 방법을 이용하여 가능한 한 많은 빛을 흡수하는 전략을 펴는 식물도 있다. 알로카시아 로부스타(*Alocasia robusta*)는 이 전략을 가장 성공적으로 이용하는 식물 중 하나이다. 이 식물의 잎은 갈라지지 않으며, 지구상에서 표면적이 가장 넓다. 길이가 3미터, 폭이 2미터를 넘기도 한다. 아시아 열대림의 하층에서 살아가는 이 식물은 반질거리는 거대한 잎들을 부채처럼 펼쳐서 낮에 빛을 받는 시간을 최대로 늘린다. 식물이 가능한 한 많은 빛을 받기 위해서 동원하는 더 미묘한 메커니즘이 있는데, 미국 서부의 삼나무 숲에 사는 옥살리스 오레가나(*Oxalis oregana*)가 그 주인공이다. 괭이밥의 일종인 이 식물은 그늘에 살며 작은 잎을 가지고 있다. 길이가 15센티미터인 짧은 줄기 끝에 심장 모양의 녹색 잎이 3장 달려 있는데, 이 잎은 수관 사이로 드문드문 비치는 햇빛을 따라 움직일 수 있다. 그러나 옥살리스는 아주 약한 빛에서 광합성을 하도록 적응되어 있기 때문에, 강한 햇빛을 받으면 세포가 손상될 수 있다. 그래서 수관 사이로 강한 빛줄기가 들어와서 잎에 직접 닿으면, 잎은 6초만에 수직으로 기울어져서 햇빛을 피한다.

우리에게 경제적으로 매우 중요한 식물인 야자류도 숲에서 번성하는 집단이다. 야자류 중에는 임관 꼭대기까지 올라가서 왕관 모양으로 장엄하게 잎들을 펼치는 키 큰 종들도 있고, 땅에서 짧고 뾰족한 덤불을 이루는 종들도 있다. 야자류는 뜨거운 열대의 황량한 섬에서부터 아열대의 더 온화한 지중해 기후대에 이르기까지 다양한 서식지에서 살 수 있다. 이들은 잎이 독특해서 금방 알아볼 수 있다. 부채 모양으로 넓게 펼쳐진 두꺼운 깃털 같은 잎은 표면적이 넓어서 햇빛으로부터 많은 에너지를 흡수할 수 있고, 잎 표면은 깊게 골이 져서 빗물이 쉽

게 흘러내려갈 수 있다. 또 야자류는 여러 동물들에게 먹이
와 피신처를 제공한다. 야자독수리(palm-nut vulture)와 마코
앵무는 야자나무에 모여서 과육질의 열매를 먹으며, 말레이
사향고양이(*Paradoxurus hermaphroditus*) 같은 땅에 사는 작은 포유류는 밑동
에 달린 열매를 먹는다. 야자류의 다양성이 가장 높은 곳은 마다가스카르이며,
이 섬에는 초식동물이 없었기 때문에, 다른 지역의 야자류와 달리 이곳의 야자류
들은 잎에 화학적 방어물질과 가시가 없다. 이 섬에는 잎의 길이가 몇 센티미터에
불과한 야자나무도 있고, 라피아야자(*Raphia farinifera*)처럼 수관에서 무려 24미
터까지 늘어지는 잎을 가진 극단적인 사례도 있다. 라피아야자의 잎 길이는 약 7
층 건물 높이에 해당하며, 지구에서 가장 긴 잎이다. 또 가장 큰 씨를 맺는 식물
도 야자류이다. 세이셸야자 또는 코코드메르(coco-de-mer)라는, 이 야자의 열매
는 쌍코코넛(double coconut)이라고 한다. 가장 긴 꽃차례를 가진 식물도 야자인
데, 코리파 움브라쿨리페라(*Corypha umbraculifera*)라는 종이다. 18세기 스웨덴
의 자연사학자이자 분류학의 아버지인 칼 린네는 야자류에 깊이 매료된 나머지,
그들에게 프린키페스(Principes, 종려목)라는 이름을 붙였다. 왕자들로 이루어진

위 장엄한 대나무

볏과의 이 식물은 지구에서 가장
튼튼하다.

목이라는 뜻이다.

　오늘날 야자류는 인류에게 많은 유용한 원료
와 식품을 제공하며, 지구에서 볏과와 콩과 다
음으로 경제적으로 중요한 식물이다. 야자나무는 거의 모든 부위를 식품으로 이
용할 수 있다. 수액은 흔히 끓여서 재거리(jaggery)라는 설탕 덩어리를 만들며, 꽃
에서 얻은 기름은 그대로 음료를 만들거나 발효와 증류를 거쳐서 여러 가지 독
한 술을 빚는다. 동아시아의 술인 아라크(arak)가 대표적이다. 새로 난 잎의 달콤
한 끝은 잘라서 샐러드로 먹고, 줄기의 섬유질에서 얻은 녹말은 사고(sago)라는
영양가 많은 음식을 만드는 데에 쓰인다. 야자수는 식용으로 다양하게 쓰이며,
서식지에서뿐 아니라 전 세계에서 사용되는 다양한 원료도 제공한다. 목재로는
집을 짓고 가구를 만들고, 섬유질로는 밧줄, 의류, 섬유를 만들며, 열매에서 짠
기름은 왁스, 연료, 값싼 식용유가 된다. 안타깝게도 야자나무에서 얻은 기름은
수요가 아주 많아서 동남 아시아에서는 드넓은 열대우림을 없애고 그 자리에 기
름야자를 재배하는 대규모 농장들이 들어서고 있다.

　온대림은 열대림보다는 생물 다양성이 덜하며, 다양한 낙엽수로 이루어진 식생
과 침엽수로 뒤덮인 산림이 특징이다. 흔히 습한 계절과 건조한 계절만 있는 열
대와 달리, 온대 지역에는 기온과 강수량이 서로 다른 사계절이 있으며, 이런 계

절의 순환에 따라 자연에서 가장 아름다운 경관이 펼쳐지곤 한다. 중국 중남부의 산악지대에는 아시아의 5대강인 메콩 강, 이라와디 강, 황허, 양쯔 강, 살윈 강의 풍부한 수량을 토대로 가장 놀라운 온대 식생 서식지가 형성되어 있다. 이곳은 생물 다양성이 가장 높은 온대 서식지이며, 대왕판다도 바로 이곳에서 이 숲의 가장 중요한 식물 중 하나인 대나무를 먹고 산다. 대나무는 온대 활엽수림의 하층에서 핵심 구성원 역할을 한다.

대나무는 볏과에 속한 종이다. 사실 대나무는 세계에서 가장 큰 풀이다. 다만 다른 모든 풀들과 달리 줄기가 단단한 목질이라는 점이 다르다. 이 줄기는 강도가 저탄소강만큼 단단하다(제곱센티미터당 약 3,600킬로그램의 압력을 견딜 수 있는데, 이 정도면 돌을 으깰 수 있다). 따라서 대나무는 지구에서 가장 단단한 식물이다. 대나무의 순은 기존 마디의 한가운데에서 새 마디가 뻗어나오는 식으로 높이, 망원경을 펼치듯이 쑥쑥 자란다. 시간당 5센티미터가 넘는 엄청난 속도로 태양을 향해 뻗어올라갈 수 있으므로 가장 빨리 자라는 종이기도 하다. 이렇게 경이로운 생장 능력을 가지고 있기 때문에, 대나무는 숲 서식지에서 중요한 역할을 한다. 토양의 침식을 억제하는 데에 가장 큰 기여를 하기 때문이다. 대나무는 특히 농사를 짓거나 소를 기르려고 개간했던 땅에 들어가서 금방 무성하게 자랄 수 있다. 그래서 대나무를 심어 다시 녹화를 하면, 숲의 구조와 생물들을 복원하는 데에 큰 도움이 된다.

야자류와 마찬가지로 대나무도 매우 다양한 건축자재로서뿐만 아니라 식량으로도 이용된다. 대나무 관련 산업으로 생계를 유지하는 사람은 전 세계에서 약 15억 명으로 추정된다. 그러니 대나무는 경제적으로 대단히 중요한 식물이다. 아시아에서 대나무는 건설 공사에서 비계용(飛階用)으로 널리 쓰이며, 비계가 100미터 이상 올라가기도 한다. 중앙 아메리카에서는 60헥타르의 면적에서 재배하는 대나무만으로도 작은 집 1,000채를 지을 만큼의 건축자재를 얻을 수 있다. 그러나 같은 볏과에 속한 친척 종들이 인류에게 기여하는 것과 비교하면, 대나무의 기여는 그다지 인상적이지 않을 수 있다. 다른 볏과 식물들은 우리에게 밀, 옥수수, 쌀을 제공하고, 동물의 먹이가 됨으로써 우리에게 간접적으로 고기, 가죽, 털을 제공한다. 이들은 지구에서 경제적으로 가장 중요한 식물이며, 인류는 그 풀들을 이용하게 되면서 지구의 겉모습을 바꾸어왔다.

위 야생 초원

아프리카의 드넓은 국립공원들은 고대 평원들이 어떤 모습이었을 지를 엿볼 수 있게 해준다.

야생형의 풀은 지표면의 약 20퍼센트를 차지하는 반건조 초원과 사바나에서 주로 자란다. 예전에는 엘크, 야생마, 큰 코영양(saiga antelope) 같은 풀을 뜯는 동물 수천 종이 이런 광활한 초원에서 살았다. 오늘날 야생 서식지는 훨씬 더 고요한 곳이 되었다. 약 2만 년 전 초원을 돌아다니던 사냥꾼들은 우글거렸던 대형 초식동물들을 전멸시켰다. 오늘날 그런 경관에는 주로 가축들이 거닐고 있다. 지금은 미국의 옐로스톤 국립공원이나 케냐의 마사이마라 국립 보호구역 같은 보호를 받는 서식지에서만 인간의 간섭이 없었다면 초원 생태계가 어떤 모습이었을지 어렴풋이 엿볼 수 있다.

초원에서 자라는 식물들은 가뭄에 잘 견디며, 때로는 비 한 방울 내리지 않아도 몇 달 동안을 버틸 수 있다. 북아메리카의 건조한 초원에서 자라는 도랭이피(*Koeleria cristata*) 같은 키가 작고 덥수룩한 풀들은 지표면 바로 아래에 얕게 뿌리를 뻗음으로써, 빗물이 땅을 적시자마자 빨아들일 수 있다. 반면에 키가 5미터에 달하는 페니세툼 푸르푸레움(*Pennisetum purpureum*, elephant grass) 같은 풀도 있다. 영어 이름이 말해주듯이 이 풀은 아프리카의 가장 큰 초식동물인 코끼리가 좋아하는 먹이이며, 털처럼 생긴 갈래가 진 뿌리를 땅속 6미터 깊이까지 뻗음으로써, 토양 깊숙이 있는 수원(水原)에 다다를 수 있다. 또 많은 풀들은 물을 절약하는 수단으로서, 넓은 잎보다 뙤약볕 아래에서 물 손실이 더 적은 길고 좁은 잎을 가진다.

초원 서식지에서 사는 식물 중 약 50퍼센트가 실제로 풀이고, 나머지 50퍼센트는 '활엽초본(闊葉草本, forb)'이며, 나무도 이따금 섞여 있다. 활엽초본은 야생화와 잎이 넓은 초본을 가리킨다. 라티비다(*Ratibida* spp.) 같은 식물들이 한여름에 저마다 100송이가 넘는 꽃을 피울 때면, 경관이 바뀐다. 그리고 강둑을 따라 자라는 루피누스(*Lupinus* spp.)는 1미터에 달하는 꽃대를 내밀어서 한순간에 개화하는데, 마치 창촉 같이 생긴 흰색과 보라색의 꽃들을 피운다. 풀 사이에서 자라는 활엽초본들은 대개 키가 크고 곧추선 모양이다. 그래서 햇빛을 차지하기 위해서 경쟁할 수 있고, 덤불을 이루어 자람으로써 바람에 맞서 서로를 지탱하고 보호한다.

러시아 스텝 지대나 티베트 고원의 식생은 드문드문 서 있는 별난 형태의 나무나 돌출된 바위를 빼면 별 특색 없이 대체로 헐벗은 듯이 보인다. 영양염류를 함유한 토양층이 아주 얇고 따라서 양분의 대부분이 지상의 식생에 저장되어 있는 열대림과 달리, 초원 서식지의 양분과 에너지는 주로 지하에 저장되어 있다. 초원의 식물은 주로 알뿌리, 덩이줄기, 뿌리 같은 특수한 지하 저장기관에 양분을 저장한다. 해마다 식물의 지상부가 죽을 때면, 생장기에 쌓였던 탄수화물과 물은 이 저장기관으로 옮겨진다. 땅속 깊이 있는 덩이줄기와 알뿌리 외에도 토양에는 균류와 세균이 죽은 식물체를 분해하는 과정에서 생긴 유기물이 풍부하다. 탄자니아의 열대 사바나에서는 메마른 여름의 불볕더위가 7개월 넘게 이어지기도 하며, 그럴 때면 초원은 바짝 말라붙은 갈색 황무지로 변한다. 이 기간에 많은 식물들은 비가 내리기를 기다리며 휴면 상태로 지내야 한다. 정반대로 러시아의 스텝 지대는 해마다 혹독한 겨울을 맞이한다. 눈과 서리로 뒤덮여서 아무것도 자라지 못하는 너무나 추운 시기이다. 식물은 기온이 영상 10도 이상으로 올라서 얼어붙은 땅이 녹아야만 다시 자란다.

오스트레일리아 북부의 사바나에서는 주로 메마른 여름에 주기적으로 발생하는 들불이 식물의 연간 생장과 휴면 주기를 결정한다. 이 들불은 식생을 파괴하는 것이 아니라, 오히려 이 서식지를 유지하는 핵심 요소이다. 번갯불이나 바위가 구를 때 튀긴 불꽃에 의해서 발화된 들불은 경관을 재생하는 중요한 역할을 한다. 들불은 건기가 끝날 무렵에 남아 있던, 불쏘시개처럼 바짝 마른 죽은 식물들을 깨끗이 태움으로써, 그 자리에 새로운 식생이 자랄 공간과 양분을 제공한다. 이런 들불은 수백만 년 동안 주기적으로 건조한 초원을 휩쓸었고, 이 서식지에서 번성하는 식물 중 상당수는 생활사의 일부를 들불에 의존했다. 한 예로 오스트레일리아 서부 해안에 사는 니아울리(Melaleuca quinquenervia)는 종잇장처럼 벗겨지는 얇은 나무껍질 안에 작은 눈(bud)이 있는데, 이것은 덤불을 태우는 강한 열기를 쐬어야만 싹이 튼다. 땅속의 퉁퉁한 뿌리에 에너지를 저장하는 유칼립투스 나무는 불이 난 뒤에야 새 싹을 틔울 수 있다. 오렌지방크시아(Banksia prionotes) 같은 일부 식물은 간헐적인 불에 의존하는 번식전략을 펴왔다. 키가 크고(10미터까지 자란다) 잎이 거의 없기 때문에, 이 나무는 덤불에 불이 나도 살아남을 수 있으며, 밑동 주변의 열이 265도에 이르면 씨를 감싸고 있는 커다란 구과(毬果)가 구워진다. 불길이 잦아들고 서늘해지면 구과는 벌어지고, 씨는 불길이 휩쓸고 간 땅에 떨어져서 발아한다.

불이 자주 나는 서식지에서 사는 식물 중에는 이렇게 들불에 적응한 씨를 가진 종들이 많다. 막 발아한 싹은 불이 나면 그 열기에 즉시 타버릴 것이므로, 싹을 내밀기에 가장 좋은 시기는 불이 꺼진 직후이다. 불에 탈 만한 식물들은 모두 타버려서 몇 달 또는 심하면 몇 년 동안은 다시 불이 날 가능성이 적기 때문이다. 그래서 캘리포니아라일락(Ceanothus spp.)의 씨는 강한 열기에 노출되어야만 발아하며, 캘리포니아에서 자라는 초본인 에메난테 펜둘리플로라(Emmenanthe penduliflora)의 씨는 식물이 불에 타면서 내는 연기에 휩싸일 때까지 휴면 상태로 머물러 있다. 불에 가장 극단적으로 적응한 사례는 불꽃 자체를 일으키는 역할을 하는 식물이다. 모로코, 포르투갈, 중동의 건조한 관목지대에 사는 키스투스

위 **불의 생태학**
방크시아의 씨는 불이 난 뒤에야
땅에 떨어져서 싹이 튼다.

(*Cistus* spp.)가 바로 '식물 방화범'에 속한다. 이 관목의 잎은 향기가 나는 끈적거리는 나무진을 만드는데, 이 진은 휘발성이 아주 강하다. 그중에서 가장 불이 잘 붙는 종은 32도를 겨우 넘는 건조한 열기에도 불길을 일으킬 수 있다. 관목 자신은 불길에 휩싸여 타버릴지라도, 씨는 단단한 외피로 둘러싸여 있어서 열기에 안전하며, 불이 꺼지고 나면 이 씨가 발아할 공간이 마련된다. 다음에 비가 내리면, 땅을 뒤덮은 숯더미와 타다 남은 화학물질들이 빗물에 녹아서 씨를 뒤덮고, 그것이 자극이 되어 씨는 불타버린 땅에 싹과 뿌리를 내민다.

아마 야생에서 가장 강인한 씨를 가진 식물은 다년생 수생식물인 연(*Nelumbo nucifera*)일 것이다. 연은 아시아, 중동, 오스트레일리아의 습한 초원에서 자란다. 형태학적으로 비슷한 사촌 종들의 화석으로 판단할 때, 연류는 백악기 초인 1억 4,500만–1억 년 사이에 진화한 것으로 추정된다. 따라서 이 식물은 지구에서 가장 오래된 현화식물 중 하나이다. 연류의 생존의 비밀은 뿌리줄기라는 물속의 덩어리진 뿌리에서 새 싹을 틔우는 능력에 있다. 이 방법으로 개체 하나가 몇 달 사이에 호수 전체를 뒤덮을 수 있다. 연은 뿌리줄기를 진흙 깊숙이 박고서, 굵은

맞은편 **연잎 효과**
소수성(疏水性)을 띠는 연의 잎은 많은 나노 기술에 영감을 주고 있다.

줄기를 쭉 뻗어서 물 밖으로 독특한 둥근 잎을 펼친다. 호수를 뒤덮은 연들은 1년에 한 차례 지름이 20센티미터에 달하는 꽃망울을 터뜨린다.

은은한 향기를 풍기는 분홍색, 붉은색, 흰색의 꽃들은 아침에 벌어졌다가 밤에는 다시 꽃잎을 닫는다. 꽃가루받이가 이루어지면, 중앙의 커다란 씨방 안에 올리브만 한 크기의 대리석 같은 씨들이 생기는데, 씨방에 난 구멍마다 씨가 하나씩 들어 있다.

연의 씨는 식물학적으로 말하면 복합과에 드는 소견과(nutlet)로서, 놀라울 정도로 단단한 목질의 외피로 덮여 있다. 이 외피는 물을 거의 완벽하게 차단한다. 돌처럼 딱딱한 씨는 물속 서식지 바닥으로 떨어진 뒤에, 수백 년 동안 그대로 남아 있을 수도 있다. 만주 지방에 있는 고대의 이탄 늪에서 발견된 1,000년 전의 연 씨는 물에 넣자 싹이 텄다. 연구자들은 연 씨가 얼마나 단단한지 알아보기 위해서 화염을 뿜고, 콘크리트에 묻고, 망치로 두드렸지만, 씨는 전혀 해를 입지 않았다. 어떤 씨든 간에 발아하려면 물이 필요하지만, 연은 독특한 생존전략을 개발했다. 첫째, 연의 잎은 자라는 곳에서 공간이 있기만 하면 금방 뻗어나가서 빈 곳이 없이 채우므로, 그곳에서 씨가 발아한다면, 다른 식물들의 그늘에서 살아남기 위해서 생존경쟁을 해야 할 것이다. 둘째, 사향쥐나 비버 같은 초식동물들은 연의 뿌리에 있는 덩이줄기를 먹어치우며, 때로 이 동물들은 한 가족 전체가 연꽃 서식지로 이주하여 게걸스럽게 먹어댄다. 그러면서 동물들은 수가 불어나고, 이윽고 그 지역 전체에서 연은 한 그루도 남지 않고 사라진다. 이 시기에 씨가 발아하여 새싹을 내민다면, 마찬가지로 먹히고 말 것이다. 따라서 씨로서는 초식동물이 다른 곳으로 옮겨갈 때까지 휴면 상태로 머무는 편이 유리하다. 그 뒤에 발아하면 그 지역 전체를 다시 차지할 수 있다.

연의 씨는 장구한 세월을 견딘다는 점도 놀랍지만, 내피가 일단 물에 노출되었을 때 발아하는 속도도 그에 못지않게 경이롭다. 이 단단한 씨의 외피는 말라붙은 호수 바닥에서 장기간 휴면 상태로 지내는 동안 이리저리 긁힐 것이다. 여러 해를 거치는 동안, 단단한 외피는 조금씩 긁히면서 닳는다. 그러다가 외피의 어느 한 부분이 깎여서 그 속의 부드러운 층이 물에 노출되자마자 물이 안으로 스며들기 시작한다. 씨는 24시간 사이에 거의 두 배로 불어날 수 있다. 다시 하루가 더 지나면 씨는 벌어지기 시작하고, 갈라진 외피 사이로 팔처럼 생긴 작은 녹색의 싹이 뻗어나온다. 여러 해에 걸쳐 씨 안에서 휴면 상태로 있던 이 작은 식물은 펼쳐져서 길이가 10센티미터쯤 되는 못처럼 보인다. 바닥에 떨어진 씨 수십만 개 중 단 한 개라도 휴면 상태에서 벗어나 발아하면, 그 한 그루가 몇 제곱킬로미터에 달하는 습지 전체를 채울 수 있다.

연이 기나긴 세월을 살아남도록 기여한 것이 씨의 긴 수명과 식물 자체의 한없는 생장 능력만은 아니다. 연잎도 수생 서식지에서 연이 번성하는 데에 한몫을 해왔다. 긴 줄기 끝에 수평으로 펼쳐진 연의 둥근 녹색 잎은 물속에 사는 식물인 수련의 잎과 매우 비슷하다. 그러나 연잎의 놀라운 특성은 비가 내리기 시작할 때에 진가가 드러난다. 수련의 잎에 떨어진 빗방울은 그냥 튀면서 잎 위로 퍼진다. 또 탁한 호수 위로 빗방울이 떨어질 때 튄 물방울도 수련의 잎 위로 떨어지면 흙탕물이 그대로 퍼진다. 그러나 연잎 위에 떨어진 물방울은 구슬처럼 통통 튀면서 굴러가는 듯하다. 물방울은 잎을 따라 그대로 굴러내리고, 굴러간 자리는 완전히 메마른 상태를 유지한다. 게다가 잎 표면에 달라붙어서 광합성을 방해할지 모를 탁한 호수 물이 튀어서 생긴 얼룩도 이 빗방울 구슬에 합쳐져서 굴러간다. 그래서 연잎 표면은 깨끗해진다. 아시아에는 연잎의 이 '자가 세정' 효과가 2,000여 년 전부터 알려져 있었고, 심지어 힌두교의 경전인 『바가바드 기타(Bhagavad Gita)』에도 언급되었다. 그러나 과학자들이 연잎의 비밀 능력/형질을 발견하는 데에 도움을 준 것은 1970년대 초에 발명된 주사전자 현미경이었다. 처음으로 과학자들은 연잎을 세밀하게 볼 수 있었다. 그러자 연잎이 매끄러운 표면이 아니라, 나노 단위의 울퉁불퉁한 세포층으로 덮여 있다는 사실이 드러났다. 각각의 고랑과 이랑은 물을 밀어내는 왁스 결정들로 이루어진 얇은 층으로 덮여 있었다. 이 표면에 물방울이 떨어지면 완벽하게 둥근 구슬 모양이 되며, 그러면 잎의 표면과 접촉하는 면적은 기껏해야 3퍼센트에 불과해진다. 퍼져서 잎 표면을 적실 수가 없기 때문에, 이 물방울 구슬은 그냥 굴러떨어진다. 과학자들은 이런 유형의 구조가 가진 놀라운 특성들을 기술하기 위해서, '연잎 효과(lotus effect)'라는 용어를 만들었다. 오늘날 연잎 효과는 김 서림 방지 마이크로칩, 발수 유리, 태양전지판 같은 기술에 활용되고 있으며, 자가 세정 기능을 가진 직물 제조에도 쓰이고 있다.

모든 생명의 핵심을 이루는 것은 DNA이며, DNA 자체는
세밀한 기하학적 형태를 띠고 있다. 이 정밀한 핵심의 발현
산물인 모든 식물은 엄밀한 패턴을 이루면서 성장한다. 숲
의 식생을 이루는 층층이 펼쳐져서 빛을 포획하는 잎들은 아

무렇게나 싹을 내고 잎을 뻗는 듯이 보일 수 있다. 그러나 그 잎들을 지상에서
올려다보면 무질서하게 싹을 내미는 듯이 보일지라도, 위에서 내려다보면 빛을
흡수하는 표면들이 교묘하게 기하학적으로 배열되어 있음이 드러난다. 낮 동안
에 엽록소가 빛을 최대한 흡수할 수 있도록 절묘한 모자이크를 이루고 있다. 코
스투스(*Costus*)의 줄기를 따라 돌아가면서 배열된 잎들은 나선형 계단의 축소판
이자, 나선형의 DNA를 녹색으로 칠해 확대한 것 같기도 하다. 이 배열은 겹치
는 잎들 사이에 최대한 간격을 벌려서 자체적으로 그늘이 드리워지는 것을 최소

식물의 형태와 기능 　**77**

화한다. 우산아카시아(*Acacia tortilis*) 같은 나무들은 수관이 마치 서로 이어져서 한 층의 거대한 녹색 조각보처럼 보이도록 잎들을 배열한다. 또 로부르참나무(*Quercus robur*) 같은 나무들은 위쪽에 작은 잎들을 성기게 내어 아래층의 더 넓은 잎까지 빛이 들어올 수 있도록 여러 층으로 잎들을 배열한다.

르네상스 시대의 박식가인 레오나르도 다 빈치는 자연에서 볼 수 있는 수많은 패턴들에 매료되었다. 특히 식물 세계에 존재하는 패턴들에 큰 흥미를 느꼈다. 그는 이런 기하학 형상들에 관해서 무수한 기록을 남겼고, 하나의 단순한 공식으로 모든 나무의 크기와 모양을 결정할 수 있다고 믿었다. 그는 이렇게 적었다. "한 나무의 높이별로 층층이 뻗은 가지들을 다 더하면 줄기의 굵기와 같다." 즉 수학적으로 표현하자면, 나무줄기의 지름을 제곱한 값이 가지들의 지름을 제곱하여 더한 값과 같다는 것이다. 놀랍게도 실제로 재어보니, 이 단순한 공식이 들어맞는다는 사실이 밝혀졌다. 그 뒤로 오랫동안 연구자들은 모든 잎으로 수액을 운반할 수 있는 딱 맞는 비율을 유지하기 위해서 나무의 줄기와 가지가 항상 이 명확한 생장 모형을 따른다고 생각했다. 그러나 2011년에 프랑스의 물리학자 크리스토프 엘루아는 여기에 의구심을 제기했다. 다년간 유체역학과 고체 주위로 공기가 흐르는 양상을 연구해온 엘루아는 크든 작든 모든 나무가 레오나르도의 공식을 따르는 이유는 각 부위로 물을 효율적으로 운반하기 위해서가 아니라, 강한 바람을 견뎌내기 위해서라고 주장했다. 그는 다양한 나무들을 대상으로 풍력을 견딜 수 있는 크기와 최적 형태의 관계를 컴퓨터로 모형화했는데, 모든 모형들이 레오나르도의 규칙과 들어맞는다는 사실을 발견했다. 놀라운 점은 공학자들이 풍력 하중을 계산하여 온갖 날씨에도 안정한 상태를 유지할 수 있

"연구자들은 우리가 식물 세계에서 보는 모양과 패턴 중 상당수의 토대가 되는 수학적 규칙들을 발견했다."

위 **나선형으로 펼쳐진 잎**

이런 식으로 잎을 펼쳐서 식물은 빛이 닿는 면적을 최대화한다.

도록 에펠탑 같은 고층 구조물을 지을 때 쓰는 것과 똑같은 설계원리를 나무도 이용한다는 사실이었다. 즉 인류는 기나긴 세월 동안 식물들이 써온 방법을 따랐던 것이다.

　인류는 역사 내내 자연에서 패턴을 찾아왔다. 고사리 잎은 깃털처럼 생긴 구조가 반복되면서 차츰 더 큰 구조를 이루면서 식물 전체를 만드는 프랙탈(fractal)이라는 기하학 구조를 가지고 있음이 드러났다. 프랙탈이라는 용어는 프랑스계 미국인 수학자 베르누이 만델브로가 창안했다. 그는 고사리 잎이 복잡성의 '자기 유사적' 패턴을 가진다고 보았다. 즉 전체를 나누어도 그 부분은 크기만 작아졌을 뿐, 전체와 거의 똑같은 축소판이라는 것이다. 영국 수학자 마이클 반즐리는 1993년에 출간한 『프랙탈은 어디에나 있다(*Fractals Everywhere*)』에서 고사리 잎의 모양이 사실은 카오스 수학 방정식의 산물이라고 설명했다. 그는 충분히 오랜 기간에 걸쳐 난수(亂數)들을 생성하여 그래프에 점으로 찍어서 기하학적 형태로 전환하면, 고사리 잎처럼 규모가 크거나 작거나 똑같은 잎 형태를 보이는 갈래가 진 모양이 나타날 것임을 입증하는 공식을 내놓았다.

고사리 잎처럼 동일한 구조가 반복됨으로써 점점 더 규모를 키워나가는 패턴은 잎의 관다발 체계에서도 볼 수 있다. 잎을 햇빛에 비추면, 잎맥이 뻗어나간 양상이 보인다. 작은 잎맥은 좀더 큰 잎맥과 연결되고, 후자는 다시 더 큰 잎맥과 연결되는 식으로 중륵맥(中肋脈)까지 이어진다. 이렇게 작은 구조가 점점 규모가 커지면서 더 큰 전체를 형성하는 양상은 자연계의 가장 우아한 패턴 중 하나이다. 암모나이트 껍데기의 나선 모양, 눈송이의 모양, 삼각주의 지류 패턴 등이 대표적이다. 그러나 가장 중요한 점은 그것이 식물의 생장 프로그램을 짜는 아주 효율적인 방법이라는 것이다. 똑같은 구조가 반복되면서 점점 더 규모가 커지도록 하면, 각기 다른 구조를 무수히 만들 때보다 필요한 DNA 유전암호가 훨씬 더 적다. 이 체계는 매우 경제적인 생장 패턴을 만든다. 로마네스코 브로콜리의 구조는 식물의 프랙탈 성장방식을 보여주는 가장 극단적인 사례라고 할 수 있으며, 그보다 훨씬 덜 인상적이기는 해도 많은 나무들이 가지를 뻗는 방식도 비슷한 생장 양상을 보여준다.

연구자들은 우리가 식물 세계에서 보는 모양과 패턴 중 상당수의 토대가 되는 수학적 규칙들을 발견했다. 또 식물의 꽃잎의 수, 두상화(頭狀花)에서 씨들이 배치되는 양상, 줄기에서 잎들이 돋는 위치를 결정할 수 있는 특정한 수열들도 밝혀냈다. 치커리의 두상화를 이루는 각 꽃의 수를 세어보면 언제나 21개임을 알 수 있으며, 데이지의 꽃은 대개 34개 또는 55개이다. 백합류는 꽃잎이 3개이고, 미나리아재비류는 언제나 5개이며, 꽃잎이 4개인 꽃은 그리 많지 않다. 솔방울을 자세히 살펴보면 두 종류의 나선이 있음을 알아차릴 것이다. 나선으로 감긴 비늘을 세어보면, 한쪽 나선은 8개, 반대쪽으로 감긴 나선은 13개로 이루어진 것과 한쪽은 5개이고 반대쪽은 8개로 이루어진 것이 있다. 이것들이 아무렇게나 뽑은 난수처럼 보일지 모르지만, 전혀 그렇지 않다. 이 수들은 피보나치 수열(Fibonacci sequence)의 일부이다. 피보나치 수열은 앞의 두 수를 더한 것이 다음 수가 되는 수열이다(예를 들면 1, 2, 3, 5, 8, 13……). 식물계에서는 이 수들을 곳곳에서 볼 수 있다. 많은 현화식물의 열매를 잘라보면, 내용물이 피보나치 수열을 따른다는 사실을 알 수 있으며, 한 식물의 각 층에 있는 가지의 수도 피보나치 수열을 따르곤 한다.

이 독특한 수 집합은 우리가 주변에서 볼 수 있는 갖가지 모양과 패턴을 자아내지만, 이 수들이 자연계의 모습을 빚어내는 더욱 흥미로운 방식이 있다. 바로 황금비(Golden Ratio)이다. 황금비는 피보나치 수열에서 유래한 수이다. 서열의 각 수를 바로 앞의 수로 나누면(예를 들어 2/1, 3/2, 5/3, 8/5), 곧 1.6666, 1.6, 1.625 같은 비슷한 답들로 이루어진 패턴이 출현하는데, 이 서열을 따라 계속 나아가면 이윽고 황금비에 이르게 된다. 황금비는 약 1.618이다. 자라는 식물이 세포를 쌓는 방식을 통제하는 것부터 줄기에 잎을 내는 방식을 결정하는 것에 이르기까지, 이 황금비는 우리 주변의 식물 세계의 상당 부분을 만드는 수학적 청사진이다. 식물이 한 세포 집단으로부터 성장을 시작할 때, 세포들은 차례로 돌아가면서 분열을 하기 때문에 자연적으로 나선이 형성되기 시작한다. 새로 출현하는 세포들이 몇 바퀴를 돌아야 최적의 구조가 형성되는지는 황금비에 따라서 결정된다. 즉 0.6바퀴이다(전체로 보면 1.6회전을 하는 셈이다). 이 생장 패턴은 개별 세포 수준과 일부 식물의 커다란 다육질 구조에서도 동일하게 나타난다. 수과(瘦果, 벌어지지 않는 껍데기 안에 들어 있는 마른 열매)들이 빽빽하게 들어차서 패턴을 이루고 있는 해바라기의 두상화는 이 치밀한 나선 형성의 가장 좋은 사례이다. 자라는 씨는 이웃한 씨와 정확히 황금비에 들어맞는 각도를 이룬다. 이 패턴은 파인애플 열매의 과육을 이루는 육각형 껍질, 여러 용설란 식물들의 나선형 잎, 데이지의 두상화에서도 볼 수 있다. 이 수의 패턴이 빚어내는 패턴은 식물 세계에서만 나타나는 것이 아니라, 해양동물의 패각, 허리케인, 심지어 먼 은하에서도 볼 수 있다. 이런 공통의 패턴들을 통해서 우리는 자연에 통일성이 내재되어 있음을 알게 된다. 우주에 구조를 제공하는 기본 청사진이 우리 행성의 식물에도 같은 형태를 제공하고 있다.

4

식물은
어떻게 세상을
변모시켰는가

"이 행성의 식물 다양성은
생태학적 가치만을 위해서라도
반드시 유지되어야 한다."

오늘날 인류는 지구의 풍부한 식물 다양성으로부터 생존에 가장 중요한 두 가지를 얻고 있다. 바로 식량과 산소이다. 우리는 건축자재, 의약품, 의복, 화장품 등 놀라울 정도로 다양한 자원을 식물로부터 얻는다. 식물은 우리가 사는 세계의 지질과 화학적 조성 자체에도 영향을 미친다. 광합성 생물들이 5억 년 넘게 대기로 뿜어낸 산소는 지구의 기후를 변화시켰고, 그럼으로써 식물은 생명 자체의 진화 경로를 바꾸었다. 오늘날 지구 전체로 볼 때, 열대의 숲과 초원은 이산화탄소의 순환을 조절하는 데에 기여하며, 암석이 풍화되고 경관이 변하는 속도에도 영향을 미치고, 지표면에서 햇빛이 반사되거나 흡수되는 양을 변화시켜서 지구의 기온도 바꾼다.

약 5억 년 전 출현한 이래로, 식물은 주변의 모든 것에 영향을 미치고 있다. 라틴아메리카의 정글에서 잉카인이 문명을 이룩하기 오래 전부터, 유프라테스 강 유역의 수렵채집인들이 1만3,000년 전 처음으로 밀 씨앗을 심기 오래 전부터, 초기 인류가 처음으로 돌로 집을 짓기 오래 전부터, 식물은 이미 지구의 표면 전체에 자신이 나아간 흔적을 새겨놓음으로써, 자신이 지구를 변화시키는 역동적인 힘임을 선포했다. 그러나 우리는 최근 들어서야 식물이 우리 행성의 역사를 어떤 식으로 바꾸었는지를 밝히기 시작했다.

위 빛을 다스리기

식물은 엽록소가 빽빽하게 들어찬 얇은 잎을 통해서 가능한 한 많은 태양에너지를 흡수할 수 있다.

맞은편 놀라운 분자

모든 호기성(好氣性) 생물은 식물이 생산하는 산소 분자가 없으면 살 수 없다.

산소

우리의 행성에 있는 생물의 99퍼센트는 산소에 의지해 살아간다. 오늘날 대기 중 산소 분자의 비중은 21퍼센트로, 78퍼센트를 차지하는 질소에 비하면 얼마 되지 않는다. 대기에 있는 산소는 녹색식물의 광합성 활동으로 쌓인 것이며, 이 행성에 사는 동물을 비롯한 대다수의 생물들은 산소가 있어야만 살아갈 수 있다. 인류가 산소를 합성하고 햇빛과 단순한 분자로부터 유기물을 합성하는 방법을 발명하기 전까지, 우리는 호흡하는 공기, 옷, 음식, 약물 등 삶의 모든 측면에서 계속 식물에 의지하여 살아가야 한다.

20억 년 전 처음으로 산소가 바다에 출연했을 때, 산소는 생물에게 유독했다. 산소는 유기물을 급속히 분해했으며, 그 결과 고대 바다에 적응하지 못한 원시 해저 생물들은 죽어갔다. 그러나 수억 년에 걸쳐 지구에 산소가 계속 쌓이자, 점점 더 늘어나는 산소에 견딜 수 있고 산소를 잘 활용할 수 있는 생물들이 무수히 진화하기 시작했다. 약 5억 년 전 녹조류가 놀라운 광합성 능력을 발휘하여 최초로 산소 분자를 대량으로 대기로 뿜어내기 시작했고, 질식시킬 듯한 대기는 숨쉬기에 더 편한 상태로 조성이 바뀌었다. 이 광합성 과정은 지금도 여전히 진행되고 있다. 스펀지처럼 이산화탄소를 빨아들여 산소 호흡을 하는 모든 생물들에게 필수적인 산소를 방출하는, 전 세계 모든 식물들의 녹색 부위들의 활동 덕분에 지구의 수많은 생물들은 계속 살아갈 수 있다.

약 4억6,000만 년 전 우산이끼를 비롯한 선태식물 같은 원시적인 육상식물들이 육지에 정착하여 대륙을 푸르게 뒤덮자, 그 뒤를 이어 관다발식물이 출현했다. 육지의 관다발식물 종은 급속히 다양해졌고, 곧 연안의 저지대는 드넓게 녹색으로 뒤덮였다. 당시의 식물들은 주로 갈라지면서 뻗은 녹색의 줄기를 이용하여 광합성을 했다. 그러다가 약 3억6,000만 년 전인 데본기 후기에 식물들에서 빛

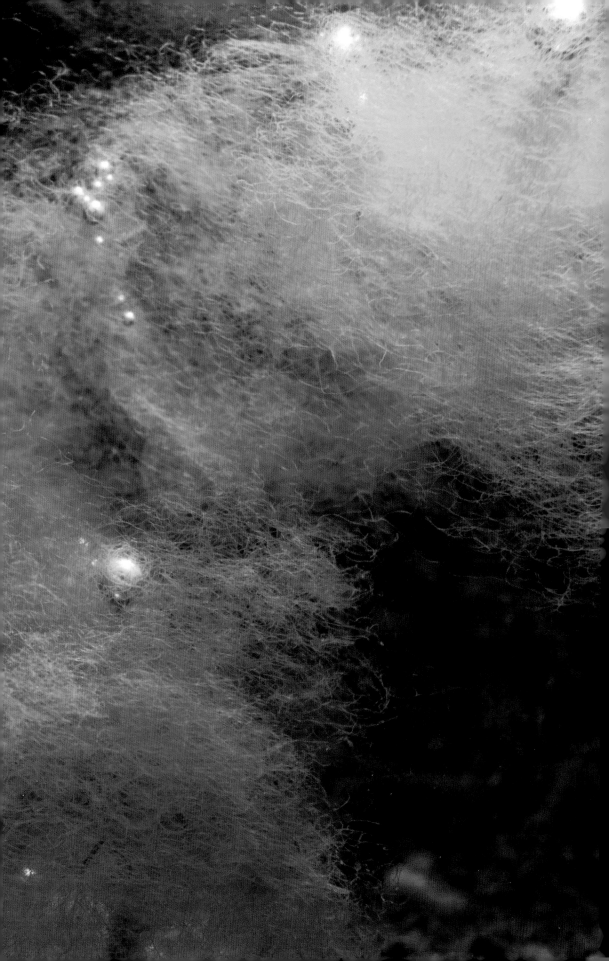

을 모으고 기체를 교환하는 구조물들이 커지기 시작했다. 화석 증거를 보면, 이 새로운 구조들은 서서히 출현했고, 오늘날 우리는 그것들이 최초의 잎이었음을 알아볼 수 있다. 관다발식물의 갈래지고 가지를 뻗은 줄기 사이에서, 얼기설기 그물처럼 맥을 뻗어서 빛을 흡수하는 얇은 막이 서서히 진화했다. 이 여분의 표면적 덕분에 식물은 더 많은 햇빛을 포획할 수 있었고, 또 대기와 기체를 교환하는 능력도 증가했다. 이 식물들은 빛 에너지를 더 많이 포획함으로써 더 빨리 자랄 수 있었고, 그 결과 흙에서 더 많은 양분을 흡수할 수 있게 되었다. 화석 기록을 보면, 잎이 원시적인 형태로부터 아주 서서히 진화했음을 알 수 있다. 오늘날 식물 세계에서 볼 수 있는 넓고 납작한 잎사귀가 진화하기까지 4,000만 년이 걸렸다. 그에 비해서 인류가 영장류 조상으로부터 진화하는 데에 걸린 기간은 그것의 10분의 1에 불과하다. 혁신적인 새로운 잎사귀는 시간이 흐르면서 점점 더 커지고 분화했고, 흡수할 수 있는 이산화탄소량과 방출할 수 있는 산소량도 곧 늘어나기 시작했다.

기후

데본기 중기에 식물의 지상부가 급격히 변모하면서 식물이 점점 더 많은 육지를 뒤덮음에 따라, 곧이어 하늘과 땅의 조성이 바뀌기 시작했다. 대기의 이산화탄소를 유기물로 전환하여 체내에 가둠으로써 식물은 이산화탄소 흡수원 역할을 했고, 그 결과 대기에서 온실가스의 양이 줄어들었다. 그리고 식물은 더 많은 광물질과 양분을 찾아 땅속으로 더 깊숙이, 더 많이 뿌리를 뻗었다. 당시의 화석 기록을 보면, 2,000만 년 사이에 해양동물의 70퍼센트 이상이 전멸한 대멸종 사건이 벌어졌음을 알 수 있다. 오랫동안 과학자들은 이렇게 갑작스럽게 전 세계에서 생물 다양성이 감소한 이유를 알아내려고 애썼지만, 확실한 해답을 찾지는 못했다. 소행성 충돌이 원인이라거나 지각판 이동 때문이라거나, 해수면 변화가 원인이라는 이론들이 제시되었다. 그러다가 1995년에 미국의 지질학자 토머스 앨지오 연구진의 혁신적인 논문이 나왔다. 연구진은 육상식물이 대량 멸종의 궁극적 원인이라고 주장했다. 그들이 내놓은 이른바 '데본기 식물 가설(Devonian plant hypothesis)'에 따르면, 육상식물이 이산화탄소를 흡수하고 뿌리로 땅을 헤

집는 일을 계속함에 따라, 토양에 대량의 유기 탄소와 무기 탄산염이 쌓여갔다. 이 탄산염은 죽은 식물이 분해되면서 나오는 유기물과 함께 강이나 강어귀로 씻겨 내려갔고, 이윽고 바다에 쌓이기 시작했다. 시간이 흐르자 이렇게 쌓인 유기물에서 바닷물로 점점 더 많은 탄소가 녹아나왔고, 탄소가 많아지자 조류(藻類)가 대량으로 발생하기 시작했다. 엄청나게 증식한 조류는 물속에 녹아 있던 산소를 모조리 써버렸고, 이윽고 가장 강인한 해양생물들을 제외한 대부분의 생물들이 질식해서 죽었다.

데본기의 식물들이 서식지에 점점 적응해감에 따라, 곧 그들의 뿌리는 흙에 있는 특정한 균류와 긴밀한 관계를 맺게 되었다. 이렇게 결합한 뿌리와 균류는 흙으로 유기산을 분비했고, 유기산은 양분을 분해하여 뿌리가 더 쉽게 흡수할 수 있도록 도왔다. 한편 유기산은 땅에 있는 규산암을 녹이고 서서히 침식시켰다. 대기의 이산화탄소도 어느 정도 기여한 이 화학적 풍화과정을 통해서, 대기에 있던 이산화탄소 수천 기가톤이 수십만 년에 걸쳐 토양에 갇히게 되었다. 이 화학적 과정을 유리 반응(Urey reaction)이라고 한다. 그 과정을 요약하여 노벨상을 받은 화학자 해럴드 유리의 이름을 땄다. 유리 반응은 지구의 기후와 지질 사이의 중요한 연결 고리일 뿐만 아니라, 식물이 우리 세계를 변모시키는 데에 핵심적인 역할을 했다. 식물은 뿌리를 토양 깊숙이 얼기설기 뻗어서 토양 입자들과 함께 많은 양의 광물질을 움켜쥔다. 그럼으로써 토양이 깎여나가는 것을 억제하고 지면을 안정시키는 역할을 한다. 그 결과 광물질은 토양에서 더 오랜 시간에 걸쳐 서서히 분해되고, 대기의 기체와 반응하고 녹으면서 대기에서 더 많은 이산화탄소를 흡수한다. 땅 위에 쌓여서 분해되는 낙엽도 이 과정에 기여한다. 낙엽이 분해될 때 나오는 유기산은 토양으로 흘러들어서 더 많은 이산화탄소를 토양에 끌어들인다. 이 과정을 통해서 식물은 대기 중의 이산화탄소의 양을 서서히 줄였고, 오랜 세월에 걸쳐 지구의 대기를 조절하는 데에 기여해왔다.

잎이 없는 최초의 육상식물은 경관의 풍화작용에 미미한 역할밖에 하지 못했겠지만, 육상식물의 잎이 커지고 다양해짐에 따라서 식물이 대기의 이산화탄소를 고정시켜서 가두는 능력도 크게 향상되었다. 대기에서 이산화탄소 농도가 낮아지고 산소 농도가 높아짐에 따라, 식물은 잎에 있는 기체 교환 구조물인 기공(氣孔, stomata)의 밀도를 높여야 했다. 이산화탄소 농도가 점점 줄어드는 상황에서

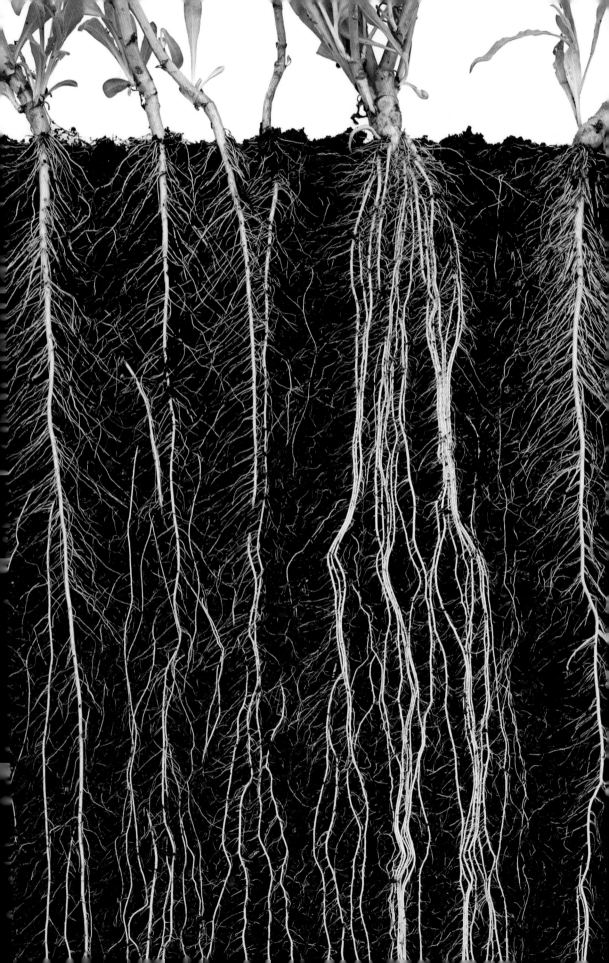

광합성 속도를 유지해야 했기 때문이다. 대기의 이산화탄소 농도가 줄어들수록 기공이 더 많은 더 커다란 잎이 생존에 유리해졌을 것이고, 이것이 바로 식물의 잎이 커지게 된 주된 원동력이었

을 것이다. 그 전에는 잎이 큰 식물이 말라죽기 더 쉬웠지만, 대기에서 이산화탄소가 줄어들면서 온실효과가 약화되어 지구의 기후는 훨씬 더 서늘해졌다. 온실 가스라는 보호층이 서서히 땅으로 흡수되면서 태양의 열이 더 많이 대기 바깥으로 반사될 수 있었고, 약 3억 년 전에는 지표면의 평균 기온이 약 14도로 떨어졌다. 현재의 기후보다 약 1도 더 낮은 수준이었다.

잎을 키우려는 경쟁으로 숲이 점점 더 높이 솟아오르고, 산소가 대기를 채우기 시작하면서 대기 중의 산소 농도가 무려 35퍼센트까지 치솟았다. 오늘날의 21퍼센트에 비하면 엄청난 수준이다. 화석 증거를 보면, 이 시기에 육지를 돌아다닌 동물들이 풍부한 산소에 극적인 반응을 보였음을 알 수 있다. 동물들은 유례를 찾을 수 없을 만큼 커졌다. 곤충은 전보다 노력을 덜 들이고도 몸 구석구석까지 산소를 보낼 수 있었기 때문에 거대한 크기로 자랄 수 있었다. 그 결과 세계는 거대한 동물들로 가득해졌다. 날개의 폭이 75센티미터에 이르는 괴물 같은 잠자리, 길이가 50센티미터를 넘는 전갈, 150센티미터에 달하는 거대한 노래기 등이 출현했다. 그러나 녹색 숲이 땅 전체로 퍼짐에 따라, 대기 중 이산화탄소가 급감하여 보호하는 온실층이 줄어들면서 지구의 기후는 위기 상태에 처했다. 몇천 년 사이에 기온은 급격히 떨어졌다. 남반구에 빙원(氷原)이 형성되기 시작했고, 그 결과 대기에서 수분이 빠져나가면서 공기는 건조해졌고 기후는 많은 동식물들이 살 수 없는 곳으로 변했다. 극지방의 빙원이 증가하면서 우주로 반사되는 햇빛의 양이 늘어났고, 위험한 양(陽)의 피드백 고리가 만들어졌다. 즉 얼음이 더 많아지면서 지구는 더욱 차가워졌고, 지구가 차가워지면서 더 많은 얼음이 형성되었다. 지구는 카루 빙하기(Karoo Ice Age)라고 알려진 시기에 접어들었다. 이 혹독한 추위는 1억 년 동안 지구를 뒤덮었다.

지구가 빙하기에 점점 더 깊이 빠져들면서, 동식물들은 춥고 건조한 기후에 시달리기 시작했고, 수많은 생물들이 멸종했다. 우림은 줄어들어서 아늑한 골짜기와 서늘한 산꼭대기 등 몇몇 고립된 곳에만 남게 되었다. 광합성을 하는 식물들

위 눈덩이 지구

카루 빙하기에 대륙 빙하가 형성
되면서 지구는 점점 더 추워지고
건조해졌다.

은 극한의 기후에 급격히 줄어들어서 극히 적은 비율만이 살
아남았다. 식물의 수가 줄어들자, 흡수되는 이산화탄소의
양도 급감했다. 게다가 시베리아에서 장기간에 걸쳐 화산활
동이 지속되면서 대기의 이산화탄소 농도를 높였다. 이로 인
해서 지구의 기후는 다시 생명이 살기에 적합한 쪽으로 바뀌기 시작했다. 이 효
과가 즉각적으로 일어난 것은 아니었으며, 남아프리카 카루 지역의 암석들은 수
백만 년에 걸쳐 몇 차례의 진퇴가 되풀이되었음을 말해준다. 그러나 시간이 흐르
자 기후는 안정되었고, 이윽고 빙원은 줄어들기 시작했다.

기후가 다시 온화해지자, 빙원에서 흘러나온 물이 육지를 따뜻하고 습한 공기
로 적셨고, 녹색 식생이 다시금 경관으로 돌아와서 예전의 영광을 재현했다. 예
전의 숲에서는 나무고사리와 겉씨식물이 주류를 이루었지만, 이제는 침엽수와
소철로 이루어진 드넓은 숲이 들어섰다. 삼각주의 습지와 둑에서 파충류가 출현

했고, 얼음이 녹고 해수면이 상승할 때 산호초가 그 속도를 따라잡으면서 드넓게 펼쳐졌다. 빙하기 이후의 육지에 다시 폭우가 찾아왔고, 엄청난 양의 퇴적물이 열대 해역으로 흘러들면서 산호초를 뒤덮었다. 산호초는 수백 미터에 달하는 퇴적물의 무게에 짓눌려서 결국 석회암으로 변했고, 2억 년이 흐른 지금 그 석회암은 동남 아시아 정글을 가로지르는, 나무들로 뒤덮인 거대한 산맥을 이루고 있다. 1억 년에 걸친 극단적인 기후 변화는 우리 행성에 근본적인 영향을 미쳤다. 바다의 생물 다양성을 변화시킨 것에서부터 육상동물의 진화를 가속시킨 것에 이르기까지, 광합성을 하는 녹색식물은 등장한 이후로 끊임없이 세계를 바꾸고 있다.

생태계

식물은 우리 행성을 조절하는 누구도 대신할 수 없는 역할을 이어오고 있다. 식물은 광합성과 호흡을 통해서 대기에서 기체들 사이에 필요한 평형을 유지하는 일을 돕고, 식물의 뿌리는 양분을 순환시키고 주변 서식지를 안정시키는 데에 강한 힘을 발휘한다. 또 우주로 반사되는 햇빛의 양을 변화시켜서 지구의 기온을 조절하는 데에 기여한다. 식물은 세계의 주요 생태계를 움직이는 먹이사슬의 토대이다. 아프리카의 드넓은 사바나가 없다면, 큰 무리를 지어 다니는 물소도 임팔라영양도 없을 것이고, 그 동물들을 먹고 사는 사자와 하이에나도 없을 것이다. 식물은 이 대형 동물들을 지탱할 뿐만 아니라, 지구의 생물 다양성 중 상당 부분을 이루는 수많은 무척추동물들에게 먹이와 보금자리를 제공한다.

나무는 잎으로 산소를 뿜어낼 뿐만 아니라, 우리 생물권에서 기체들의 평형을 유지하는 데에 핵심적인 역할을 한다. 해마다 세계의 숲은 대기에서 흡수한 이산화탄소로 약 1,050억 톤의 생물량(생물의 총 무게/역주)을 생산하며, 그것을 나무껍질과 줄기에 수백 년간 저장한다. 과거에 탄소를 저장한 나무들은 죽어서 습지에 쌓였다가 짓눌렸고, 시간이 흐르자 탄소가 풍부한 석탄층이 되었다. 오늘날 우리가 땅에서 캐내서 연료로 쓰는 석탄이 바로 그것이다. 플로리다의 에버글레이즈와 조지아의 오케페노키 습지 같은 곳에서는 식물들이 죽어 썩으면서 가라앉고 그 위로 퇴적물이 덮이면서 오늘날에도 이 과정이 계속되고 있다. 지난

1만 년간, 광합성과 호흡, 탄소 저장이라는 과정은 지구에 사는 생물들에게 알맞은 안정한 상태로 유지되었다. 그와 더불어 식물은 지구의 물 순환에도 핵심적인 역할을 한다. 잎에 난 작은 구멍인 기공이 이산화탄소를 흡수하기 위해서 열릴 때, 체내의 물은 밖으로 빠져나간다. 그러면 뿌리는 더 많은 물을 빨아들여서 관다발을 통해서 올려보내 보충한다. 아마존 같은 드넓은 우림은 이 과정을 통해서 억수처럼 퍼붓는 폭우의 빗물을 빨아들여 수증기 형태로 대기로 돌려보냄으로써, 구름을 만드는 중요한 역할을 하는 동시에 바다, 육지, 대기 사이에 물이 순환되도록 돕는다.

지구의 습지에서 자라는 식물들도 물 순환의 평형을 유지하는 데에 중요한 역할을 한다. 이 서식지들은 호수와 강 주변의 저지대에 퍼져 있으며, 볏과 식물과 비슷한 사초류, 줄기가 둥글고 높이 자라는 골풀류, 수련이나 개구리밥, 자라풀 같은 부유식물(浮遊植物)을 비롯한 많은 종들이 이곳에서 자란다. 이 식물들은 뿌리 주변의 땅에 물을 저장함으로써 물의 흐름을 늦추어서 홍수를 막아준다. 폭우가 내릴 때, 습지 1헥타르는 1,000만 리터가 넘는 물을 저장했다가 서서히 내보낼 수 있다. 물이 스며나오는 식생의 뿌리와 지상부는 오염물질을 제거하고 물을 정화하는 거대한 여과지처럼 작용한다. 지표면의 약 6퍼센트를 차지하고 있는 습지 서식지는 식량, 깨끗한 물, 건축자재를 제공하는 한편, 경관의 침식을 막아줌으로써 그 안이나 주변에서 살아가는 사람들에게는 경제적으로도 중요하다. 아프리카의 범람원 같은 내륙 습지뿐 아니라, 조간대(潮間帶) 습지와 맹그로브 습지 같은 해안의 습지 서식지도 퇴적물을 가두고 양분을 흡수하는 동시에, 해안선의 침식을 막는 데에 중요한 역할을 한다. 맹그로브는 넓은 면적에 뿌리를 이리저리 얽어서 자신이 자라는 해안을 장기간에 걸쳐 안정적인 상태로 유지하며, 그 결과 어류를 비롯한 다양한 생물들에게 먹이, 보금자리, 번식지를 제공한다. 세계 전체로 볼 때 습지는 홍수 억제와 자원 제공 측면에서 약 34억 달러의 경제적 가치가 있는 것으로 추정된다.

이 행성의 식물 다양성은 생태학적 가치만을 위해서라도 반드시 유지되어야 한다. 열대우림, 드넓은 초원과 습지를 유지하는 동식물들이 복잡하게 뒤얽힌 생명의 그물은 이 지역들이 보호되고 보전되어야만 존재할 수 있다. 2011년 『네이처(Nature)』에 실린 한 논문은 개별 서식지의 식물 다양성이 얼마나 중요한지를 평

위 **중요한 서식지**

가했는데, 어느 한 해만을 놓고 보면 그곳에 사는 식물 종 가운데 몇 퍼센트만 있어도 건강한 상태를 유지할 수 있지만, 여러 해가 지나면 서식지는 자연적인 변동을 겪기 때문에

위 **중요한 서식지**

습지는 어류, 야생 생물, 인류 사회에 대단히 중요한 서식지이다.

그곳에 서식하는 종의 84퍼센트가 유지되지 않으면 쇠퇴하기 시작한다는 결과를 내놓았다.

어느 한 핵심적인 동식물 종이 사라지면 생태계는 붕괴할 수 있다. 이런 자연 서식지들은 인류 집단의 팽창, 외래종의 유입, 습지 파괴로 쇠퇴할 위험에 처해 있으며, 장기적으로 안전하게 보전하려면 이 서식지들이 대단히 중요하다는 점을 반드시 인식할 필요가 있다. 삼림 파괴, 가축의 과잉 방목, 집약 농업은 맨 흙을 그대로 드러낸다. 그러면 오랜 세월에 걸쳐 쌓인, 양분이 풍부한 두꺼운 토양층은 금방 침식되어 사라지고, 땅은 황폐한 불모지가 된다. 그곳에서 원래 번성했던 동물들은 죽거나 다른 곳으로 이주해야 하며, 그 이주로 주변 서식지의 균형이 깨질 수도 있다. 생태학자들은 특정한 서식지가 사라졌을 때 일어나는 연쇄적인 효과 중 상당수는 예측할 수 있지만, 가장 파괴적인 결과 중 상당수는 이미 돌이킬 수 없는 지경에 이르러서야 알아차리곤 한다.

식물과 인류

인류는 많은 중대한 생태적, 경제적 문제에 직면해 있다. 지구 온난화, 가뭄, 기근, 만연한 빈곤, 정치 불안이 그것이다. 이런 문제들은 원인이 다양하고 복잡하지만, 식물은 우리가 다시금 번영을 누리도록 도울 수 있는 잠재력을 가지고 있다.

인류가 식물과 맺는 관계는 공동체를 이루고 문명을 구축하는 데에 밑거름이 되기도 했고, 한편으로는 국가의 몰락을 초래하기도 했다. 처음에 우리의 수렵채집인 조상들은 걸어서 돌아다니면서 열매, 뿌리, 장과를 채집해 먹었고, 이따금 작은 포유동물과 새도 잡아먹었다. 초기 인류는 탐구심을 발휘하여 가장 영양가가 많은 식물들을 찾아냈다. 먹으면 통증을 유발하는 화학물질을 포함한 식물도 있었고, 몸과 마음을 자극하는 식물도 있었다. 즐겨 먹는 식물의 씨앗은 그들이 사냥을 다니는 길에 싼 똥 더미에서 싹이 트곤 했고, 시간이 흐르면서 인류는 가장 유용한 식물을 찾아내는 법을 터득했다. 약 1만3,000년 전에 유프라테스 강 유역에서 살던 수렵채집인들은 100종이 넘는 씨와 열매를 채집하여 식량으로 삼았다. 그러다가 약 1만1,000년 전 환경이 변하면서 기후가 훨씬 더 추워지고 건조해졌고, 그들이 의지하던 볏과 식물과 곡물류 중 상당수가 더 이상 자라지 않게 되었다. 가뭄에도 살아남기 위해서, 그들은 저지대에서 가장 잘 자라는 야생 식물들의 씨앗을 받아서 산비탈의 축축한 토양에서 재배해야 했다. 호밀, 렌즈콩, 밀 같은 곡류들은 그 지역의 야생 관목류와 경쟁해서 이길 수가 없었기 때문에 초기 경작자들은 자연 식생을 제거해야 했고, 그럼으로써 최초의 농민이 출현했다.

약 1만 년 전 근동의 기후가 온화해지면서 다시 따뜻하고 습한 상태가 되자, 곡류 경작은 그

맞은편 농경의 탄생
인류가 야생의 볏과 식물과 곡류를 재배하는 능력을 갖추면서 인구가 급속히 증가했다.

위 식품의 힘

비타민과 무기물이 가득한 과일과 채소는
건강한 식단의 필수 요소이다.

다음 고대의 산호초

태국 카오소크 국립공원의 까마득히 솟은
산맥은 고대 산호초의 잔해이다.

지역 전체로 퍼져나갔다. 식량 공급이 늘어나고 더
안정화되면서 인구가 증가했고, 공동체는 더 크고
더 영구적인 촌락을 이루었다. 농민들은 늘어나는
인구를 먹여 살릴 만큼의 식량을 재배할 능력을 갖
추어야 했고, 따라서 식물 세계와 떼려야 뗄 수 없
이 연결되었다. 인류는 이제 주어진 환경에 적응하
며 살아가는 것이 아니라, 환경을 관리했다. 그들은
작물의 생산성을 높이고 자라는 곡류와 채소에서
가장 많은 영양가를 얻기 위해서, 가장 강한 식물들
만을 골라서 재배했다. 여러 세대에 걸쳐 열매나 두
상화가 가장 크거나, 먹을 수 없는 줄기 같은 부위
가 적은 식물에서 얻은 씨만을 골라 뿌리는 일을 되
풀이하자, 재배되는 작물은 곧 본래의 야생 식물과
모습이 달라지기 시작했다. 식용이 가능하다고 알
려진 2만 여 종의 식물 가운데, 인류는 약 3,000종
만을 먹고 있으며, 그중 지금까지 농작물로 재배한
것은 200여 종에 불과하다. 이 재배식물 중에서 고
작 12종이 전 인류가 섭취하는 열량의 4분의 3 이상
을 제공한다. 감자, 벼, 밀, 사탕수수, 수수, 대두, 카사바, 바나나, 옥수수, 기
장, 기타 콩류, 고구마가 바로 12가지 주요 농작물이다. 1900년대 초에 러시아
의 식물학자이자 유전학자인 니콜라이 바빌로프의 식물 채집 탐사 덕분에, 우리
는 현대 재배종들의 기원을 역추적할 수 있다. 재배종의 야생 친척들 중 몇몇은
지금도 찾아낼 수 있다. 21세기인 오늘날의 우리가 먹는 식물들과 닮은 점이 거
의 없어 보이는 것들도 많다. 멕시코의 야생 옥수수 변종 중에는 옥수수가 손가
락처럼 가는 것도 있으며, 페루의 야생 감자는 색깔이 붉은색이나 청자색을 띠고
통통하고 둥근 것부터 가늘고 길쭉한 것까지 다양하며, 바나나의 조상은 짧고
곧으며 완두콩만 한 씨들이 빽빽하게 들어 있다. 이 조상 식물들은 중요한 유전
물질을 풍부하게 간직하고 있으므로, 현대의 재배종을 이런 조상 식물과 교배시
키면, 수천 년에 걸친 인간의 재배로 인해서 소진되었던 유전적 활력을 다시 증가

시킬 수 있다.

농경을 시작하여 선택적으로 작물을 교배시키기 시작한 이래로 수천 년이 흐를 때까지도, 인류는 특정한 크기나 형태의 작물이 그 특징을 후대로 전달하는 과정을 진정으로 이해하지 못했다. 고대 농부들은 한 종의 꽃가루를 훑어 다른 종에 묻혀서 바람직한 형질을 결합시킴으로써 작물을 개량하려고 했고, 때로 그런 시도는 성공을 거두었다. 그러나 인류가 식물의 유전이 어떻게 이루어지는지를 진정으로 이해한 것은 1850년대에 들어 오스트리아의 수도사 그레고어 멘델이 완두를 연구하면서부터였다. 멘델은 한 쌍의 단위인자가 색깔과 모양 같은 식물의 각 형질을 좌우한다고 추정했다. 바로 오늘날 우리가 유전자(遺傳子, gene)라고 말하는 것이다. 예를 들면, 꽃은 꽃잎의 색깔을 지정하는 한 쌍의 단위인자를 가질 수도 있다. 멘델은 이 인자 쌍이 우성과 열성이라는 형태를 취할 수 있으며, 우성 인자와 열성 인자가 결합될 때 열성 형태가 아니라 우성 형태가 그 형질을 결정한다고 말했다. 예를 들면, 식물이 붉은 꽃잎 색깔의 우성 단위인자와 흰 꽃잎 색깔의 열성 단위인자를 가진다면, 그 식물의 꽃잎은 붉은색일 것이다. 마지막으로 멘델은 식물의 생식세포, 즉 배우자가 형성될 때 이 단위인자 쌍이 무작위로 나뉜다고 주장했다. 이 몇 가지 가정들을 토대로 그는 유전자의 개념을 최초로 개괄했고, 식물에서 어떻게 하면 바람직한 형질을 선택적으로 교배시킬 수 있는지를 보여주었다.

이 지식을 토대로 식물학자와 농부는 많은 품종들 중에서 가장 좋은 형질들을 가진 잡종 식물을 만들 수 있었다. 20세기 초에 미국의 유전학자이자 옥수수 육종학자인 도널드 존스는 옥수수 네 품종을 교배시키는 실험을 통해서 이전 품종들보다 더 빨리 더 튼튼하게 자라고 단백질 함량이 더 높은 뛰어난 잡종을 만들었다. 이 새로운 잡종 옥수수는 곧 많은 미국 농민들이 탐내는 작물이 되었고, 1930-1980년 사이에 옥수수 수확량은 1헥타르당 2,000리터에서 7,220리터로 급증했다. 이 기간에 농업 분야에서는 농경기술과 살충제 활용 등도 비약적으로 발전하여 전 세계적으로 수확량이 크게 늘어났다. 바야흐로 녹색혁명의 시대가 온 것이다. 인구 증가와 소비율 증가의 압력을 고려할 때, 2050년의 예상 인구를 먹여 살리려면, 생산율을 지금보다 세 배로 높여야 할 것으로 추정된다.

설탕

16세기 무렵에 세계의 주요 문명들에는 이미 뛰어난 농사 전문가들이 오래 전부터 활약하고 있었고, 1년 내내 대규모로 식량을 생산할 농경기술과 농기구들이 개발되었다. 탐험의 황금기였던 이 시기에 전 세계적으로 교역로가 열렸고, 차, 면화, 설탕, 고무, 담배 같은 이국적인 작물의 교역으로 그 작물이 재배되는 지역들에는 혁신이 일어났다. 원산지에서는 흔한 식물들이 해외에서는 돈을 주고도 사기 힘든 귀한 물품이 되었고, 파이프 담배를 피우는 최신 여가활동을 즐기거나 공식 만찬에 이국적인 파인애플을 내놓아 과시를 하기 위해서 얼마가 되었든지 기꺼이 돈을 지불하려는 상류층이 있었기 때문에 식물과 그 산물의 교역은 더욱 활발해졌다. 그러나 그 식물들 중에서도 가장 중요한 교역품은 바로 사탕수수였다.

사탕수수는 원산지가 뉴기니이며, 사카룸속(*Saccharum*)이라는 볏과의 높이 자라는 열대 풀 집단에 속한다. 이 식물은 생장기가 길고, 따뜻하며 일조량이 풍부한 지역에서 잘 자란다. 모든 녹색식물은 광합성을 통해서 단맛이 나는 천연 당(糖)을 생산하며, 그것을 뿌리, 줄기, 수액, 씨, 열매에 당이나 녹말의 형태로 저장한다. 그러나 사탕수수는 6미터에 달하는 다육질의 줄기에 이 당을 대량으로 저장한다. 인류는 8,000년 넘게 사탕수수를 이용했고, 원래는 지붕에 얹을 이엉으로 쓰거나 씹기 위해서 수확했다. 줄기의 단단한 바깥층을 제거한 뒤 안쪽의 거친 섬유를 빨고 씹으면 달콤한 즙을 맛볼 수 있다. 기원전 1000년경부터 사람들은 사탕수수 즙을 끓여서 결정화한 설탕을 생산했으며, 이 설탕은 음식에 감미료로 사용되었다. 사탕수수 재배 지역은 인류의 이주 경로를 따라 서서히 동남 아시아와 인도, 또 동쪽으로는 태평양에까지 퍼졌다. 7세기에 인도에 진출한 아랍 군대와 교역상들은 '벌 없이도 꿀을 생산할 수 있는 갈대'라는 것을 발견했고, 그 식물을 북아프리카의 자국으로 가져가서 사탕수수 농장을 설립했다. 또 아랍 상인들은 스페인 및 포르투갈과 사탕수수 교역을 했고, 그것이 꽤 수지가 맞는 작물이었기 때문에 그 나라들은 곧 사탕수수가 자랄 만한 새로운 땅을 찾아나서게 되었다.

크리스토퍼 콜럼버스는 신대륙으로 향하는 두 번째 항해 때, 사탕수수를 몇

포기 가져갔다. 사탕수수가 서인도제도의 열대 기후에서 잘
자랄 것이라고 믿었기 때문이다. 1493년 그는 카리브 해에
있는 히스파니올라 섬의 비옥한 토양에 처음으로 시험 삼아
사탕수수를 심었다. 비가 많이 오고 열대의 태양이 장시간 내리쬐는 그곳 기후는
사탕수수를 재배하기에 완벽한 곳이었고, 그는 곧 스페인의 이사벨라 여왕에게
그곳에서 세계의 그 어느 지역에서보다도 사탕수수가 더 빨리 자란다고 보고했
다. 비옥한 미개척지가 있다는 소식은 금방 퍼져나갔고, 곧 영국, 프랑스, 네덜란
드의 농민들이 앞 다투어 브라질, 쿠바, 멕시코, 서인도제도로 몰려와서 농장을
세우기 시작했다.

유럽에서는 설탕이 여러 모로 건강에 유익하며 새로운 경이로운 식품이라는 광
고와 입소문에 힘입어서 설탕 수요가 급증했다. 곧 코코아, 차, 커피 같은 다양

위 **사탕수수**
재배되고 있는 볏과 식물 6종 중
하나로서 당분 함량이 높다.

위 사탕수수

이 열대 풀은 노예무역을 추진한 엔진이었고, 아프리카인 수백만 명이 노예가 되어 아메리카로 끌려갔다.

맞은편 하얀 금

설탕은 현대 식단의 중요한 성분이며, 1티스푼 분량의 설탕에는 약 16킬로칼로리의 열량이 들어 있다.

한 음료에 설탕을 넣어 마시는 것이 유행했다. 처음에 쿠바, 브라질, 멕시코의 농장들은 지역 주민을 고용하여 사탕수수를 베고 가공하는 일을 시켰지만, 해외의 설탕 수요가 급증함에 따라 서인도제도 농장의 생산성을 높이기 위해서 더 많은 일꾼이 필요해졌다. 당시 아프리카에서 식민지를 개척하고 있던 유럽 국가들은 노예라는 형태로 값싸고 강인한 노동력을 대량으로 확보했고, 곧 노예들의 노동 잠재력은 사탕수수 농장에서 발휘되기 시작했다. 영국에서는 상품을 가득 실은 배가 서아프리카로 향했다. 서아프리카에서는 상품과 노예를 교환하는 잔혹한 교역이 이루어졌고, 배들은 그렇게 확보한 노예를 서인도제도로 싣고 가서 농장으로 보냈다. 이 교역은 '삼각무역'이라고 불리게 되었고, 1790년대까지 이 교역로를 통해서 무려 1,200만 명의 아프리카 노예들이 비참한 상태로 서반구의 식민지로 실려갔다. 가는 도중에 죽은 이들도 많았다. 약 200년 동안 설탕 산업은 노예의 노동력을 토대로 번성했고, 곧 카리브 해의 모든 섬은 사탕수수 농장과 정제 공장으로 뒤덮였다. 1600년대에서 1800년대 사이에, 이 열대의 풀은 유럽, 아메리카, 아시아, 아프리카의 경제를 이끈 원동력이었다. 그러다가 1791년 프랑스 식민지인 생도맹그에서 시작된 노예반란이 성공을 거두면서 노예제도가 종말을 고하고 있음을 알렸다. 그러나 쿠바와 브라질의 노예들이 마침내 자유를 얻음으로써, 노예제도가 완전히 폐지되기까지는 꼬박 한 세기가 걸렸다. 대서양 너머의 카리브 해와 아메리카의 설탕 산업에 노동력을 공급하기 위해서 200년 동안 이어진 아프리카인들의 대규모 이주는 지금도 수많은 이들에게 여파를 미치고 있다.

1793년까지 사탕수수는 유럽에서 설탕의 주요 원료였지만, 프랑스와 영국이 나폴레옹 전쟁을 벌이면서 프랑스 항구들이 봉쇄되어 영국의 수출품이 들어오지 못하게 되자, 유럽 대륙으로 들어오는 사탕수수의 양이 급감했다. 그러던 중 1747년 독일의 과학자 안드레아스 마르그라프는 순무와 비슷하게 생긴 사탕무

(*Beta vulgaris*)라는 식물에서 설탕을 대량으로 추출할 수 있다는 사실을 발견했다. 사탕무는 온대 지방에서 자랐다. 곧 유럽 본토에서 사탕무 재배 면적이 급격히 늘어났고, 1880년 무렵에는 사탕무가 설탕의 주된 원료가 되었다. 유럽 대륙에서 300곳이 넘는 사탕무 공장이 가동되었다. 그러나 19세기 말에 새로운 사탕수수 품종의 개발과 새로운 재배기술에 힘입어 사탕수수가 사탕무보다 경쟁력이 더 커졌고, 1900년 즈음에는 사탕수수 산업이 사탕무 산업을 누르고 다시금 열대 전역에서 주요 경제활동으로 부상했다. 그러다가 제1차 세계대전이 터지자 유럽에 수입되는 사탕수수 공급량이 줄어들었고, 영국에서는 다시 사탕무를 대량 재배하기 시작했다. 1920년대에 영국에는 사탕무에서 설탕을 추출하는 공장 17곳이 건설되었고, 1936년에는 영국 전역의 사탕무 재배를 관리할 영국설탕협회가 설립되었다.

오늘날 사탕수수와 사탕무에서 얻는 설탕은 주요 감미료이며, 전 세계에서 한 해에 1억3,000만 톤이 넘는 설탕이 소비되고 있다. 비록 사탕수수와 사탕무라는 전혀 다른 식물에서 추출되지만, 양쪽의 설탕 결정은 사실상 맛과 모양이 똑같으며, 일반 소비자는 둘을 전혀 구별하지 못한다. 어느 원료에서 나오든 간에, 우리가 일상생활에서 소비하는 설탕은 우리의 식단에서 중요한 열량 공급원이다. 설탕은 요리나 가공식품의 제조, 음료의 첨가제로 쓰이고, 보존제와 발효 촉진제로도 이용된다. 설탕은 음식과 음료의 맛을 변화시키지 않으면서 달콤하게 만든다. 적은 비용으로 운송할 수 있고, 저장하기도 쉽고, 잘 상하지도 않는다. 겨우 2세기만에 설탕은 그것을 차지하기 위해서 각국이 전쟁도 불사할 만큼 값비싼 식품이었다가 거의 모든 가정에서 쓰는 단순한 상품이 되었다. 그 사이에 설탕은 식민권력의 경제를 번영시키는 한편으로, 토착 사회를 황폐하게 만들었다. 세계적으로 보면 설탕 소비량은 여전히 증가하고 있으며, 현재 사탕수수와 사탕무는 세계의 경제와 영양에 가장 중요한 식물에 속한다.

약용식물

인류가 통증을 치료하고 소화를 돕고 건강을 증진시키는 약재로서 식물을 이용해온 기간은 식량으로 삼아온 기간만큼 오래되었다. 사실 우리의 영장류 조상들도 장내 기생충을 없애는 데에 효과가 있는 것으로 밝혀진 탄닌(tannin)이라는 화합물이 다량으로 들어 있는 장과를 많이 먹어서 자가 치료를 했음을 시사하는 증거들이 있다. 마찬가지로 고릴라는 건강을 위해서 카페인이 풍부한 콜라나무(kola tree)의 씨앗과 열매, 소량 섭취하면 심장에 도움이 되는 협죽도과(Apocynaceae)의 독성을 띤 씨앗 등 다양한 의학적 효능이 있는 약 118종의 식물을 먹는다는 사실이 드러났다. 최초의 수렵채집인들은 동물이 먹는 식물을 관찰하고 시행착오를 통해서, 어느 식물이 치료 효과가 있는지를 알아냈을 것이며, 그렇게 얻은 지식은 대대로 전해졌을 것이다. 남아프리카의 콰줄루-나탈 주에서 발굴된 7만7,000년 전 석기시대 주거지 유적에는 인류가 초기에도 식물을 약재로 이용했다는 증거가 남아 있다. 암반지대에 자리한 이 유적지에서는 다양한 골풀류와 사초류, 살충 효과가 있는 화합물이 함유된 크립토카르야 우디(*Cryptocarya woodii*)라는 식물의 잎의 잔해들이 발견되었다. 크립토카르야 우디는 잠을 잘 때 깔개로 사용된 듯하다. 잎에 살충 효과가 있으므로 모기를 쫓는 데에 도움이 되었을 것이다.

세월이 흐르면서 건강이 좋아지고 삶의 질이 나아지면서 초기 인류는 더욱 번영했고, 자신의 서식지에서 자라는 식물들에 관해서 더 많이 알게 되면서 여러 식물들을 조합하여 복합 치료제로 사용하기 시작했다. 복합적인 사용이 증가함에 따라, 성분과 처방법을 상세히 기록해야 할 필요성이 생겼고, 약초를 기록한 최초의 문헌들 중 일부는 지금도 남아 있다. 이집트에서 기원전 1500년의 파피루스 두루마리가 몇 점 발견되었는데, 이 두루마리는 훨씬 더 오래된 기원전 3000년의 문헌 내용을 베낀 것인 듯하다. 불에 달군 돌 위에 여러 가지 약초들을 섞어서 흡입하여 천식을 치료한다는 것처럼 엉성한 치료법들도 있고, 양파 반쪽과 맥주 거품이 '죽음을 예방하는 기분 좋은 치료제'라는 흥미로운 내용도 있다. 다른 여러 고대 문명들도 식물을 이용하여 건강을 도모했다. 산스크리트 문헌에 적힌 바에 따르면, 고대 인도의 아유르베다 의학은 약 1,250가지의 약초를 이용했고, 현대 과학이 꼼꼼하게 검토한 결과 그중 상당수는 약재로서 유용한 가치가 있음이 드러났다. 중국에서는 한나라 때 『신농본초경(神農本草經)』이 간행되었는데, 이 책에는 풀, 나무, 뿌리, 돌에서부터 심지어 다양한 동물 부위에 이르기까지 365가지 약재가 기록되어 있다. 고대 그리스인과 로마인도 다양한 약초를 이용하여 건강을 도모했던 것으로 알려져 있다.

중세 초기에는 고대 그리스와 로마의 약초 치료법들이 당시 유럽의 많은 지역에서 유행하던, 주로 영적인 차원에서 의학에 접근하는 방식과 결합되었다. 이 시기에는 교회가 교양의 중심지였기 때문에, 수도사들은 종교 문헌을 필사하는 한편으로 많은 고대 의학 문헌도 필사했고, 그 결과 수도원은 곧 의학 지식의 중심지가 되었다. 수도사들은 처방에 쓸 치료제와 약물을 만드는 데에 필요한 초본과 관목을 직접 정원에서 기르기 시작했다. 바질, 캐러웨이, 마늘, 회향풀 같은 식물들이었고, 주변 마을의 주민들은 치료를 받고자 수도원을 찾곤 했다. 중세에 수도사들과 민간 의사들이 질병을 치료할 때, 근본 원리로 삼았던 주요 학설 중 하나는 사체액설(四體液說, humorism)이었다. 이 학설은 기원전 400년경 그리스에서 유래한 것으로서, 유럽에서는 18세기까지 근대 의학의 토대로 남아 있었다. 이 접근법은 질병이 네 가지 체액(노란 담즙, 점액, 피, 검은 담즙) 중 하나가 균형을 잃은 결과이며, 적절한 식물을 제대로 처방하면 이 불균형을 바로잡을 수 있다고 가르쳤다. 식물은 뜨겁거나 차갑거나 습하거나 건조한 특성을 가진다고 생각되었고, 식물의 모양과 구조를 보면 어떤 치료 특성이 있는지를 알 수 있다고 믿었다. 그래서 씨가 두개골 모양인 골무꽃속(*Scutellaria*)의 종들은 두통, 잎이 하얀 반점이 있고 폐 모양인 렁워트(*Pulmonaria*)는 호흡기 질환 치료에 쓰였다.

식물의 치료능력에 대한 관심이 많아지면서 16세기에 유럽 전역에서 학회들이 설립되었다. 저명한 식물학자들과 의사들이 오로지 약초를 연구하기 위해서 설립한 기관들이었다. 최초의 학회는 저명한 식물학자이자 의사인 루카 기니가 설립했다. 그는 1543년 피사 대학교에 식물원을 설치했고, 그곳은 이탈리아, 프랑스, 기타 서유럽 국가들에 의사들과 약제사들의 의학 연구와 교육에 쓰일 식물을 공급했다. 약초원(physic garden)이라고 알려진 이런 방대한 식물원들은 오로지 약용식물을 학술적으로 연구하려는 목적으로 설립되었고, 1621년까지 볼로냐, 쾰른, 프라하, 옥스퍼드에 이와 비슷한 식물원들이 세워졌다. 이 식물학 연구의 중심지들 사이에 지식의 교류가 이루어짐에 따라, 약용식물학에 대한 이해의 폭이 넓어졌고, 당시 발달하고 있던 인쇄기술에 힘입어 약용식물과 그 활용법을 기술한 백과사전인 '약용식물지(herbal)'가 간행되기 시작했다. 영국에서 가장

유명한 약용식물학 저술가는 존 제라드였다. 그가 1597년에 펴낸 『식물의 역사(*Generall Historie of Plantes*)』에는 자생종과 신대륙에서 온 이국적인 식물들의 의학적 용도가 기재되어 있었다. 그는 책에서 치료 효과가 있는 다양한 각각의 식물들에 대해서 그대로 먹거나, 요리를 하거나, 주변에 두거

나 하라는 식으로 용법을 개괄했다. 초자연적인 능력이 있어서 특정한 달이 뜨거나 특정한 장소에서 채집을 해야 더 약효가 있다는 식물들도 적혀 있었다. 그가 기재한 내용 중에는 오늘날의 의학 지식에 비추어볼 때 실소를 자아내는 것도 많지만, 여전히 널리 쓰이고 효과가 있는 용법도 많이 있다. 그는 백정의 빗자루(butcher's broom, *Ruscus aculeatus*)라는 상록 관목이 "여성의 출산을 촉진한다"고 했고, 유럽짚신나물(*Agrimonia eupatoria*)이 "간이 나쁘거나 신장 질환 때문에 소변에 피가 섞여 나올 때" 좋다고 했다. 또 알로에 베라(*Aloe vera*)는 "모든 하제 약초가 위장을 상하게 하지만, 알로에만은 속을 편하게 하기 때문에 좋다"라고 했다.

위 **말라리아 치료제**

말린 기나나무의 껍질에는 키닌을 비롯하여 약효가 있는 알칼로이드가 많이 들어 있다. 페루의 케추아족은 전통적으로 이 식물을 약재로 이용했다.

17세기에 들어서면서 탐험과 국제 교역의 시대가 열리자, 아프리카, 아시아, 아메리카에서 외래종 식물들이 유럽으로 밀려들기 시작했다. 그에 따라 오직 유용식물(有用植物)에만 초점을 맞추고 있던 유럽의 식물원들도 서서히 변하기 시작했다. 대학과 약용식물학자들은 여전히 식물의 건강 증진 효과에 몰두했지만, 식물원과 학술기관들은 더 매혹적인 새로운 열대 식물들을 특별 전시하기 시작했고, 이윽고 식물학과 의학은 서로 별개의 독립된 학문으로 분리되었다. 그러나 영국의 큐에 있는 왕립 식물원 같은 여러 식물원들은 식물의 심미적 특성과 유용한 특성 모두에 초점을 맞추었다. 그런 식물원들은 열대에서 가져온 화려하기 그지없는 식물들을 전시하는 한편으로, 식량이나 의학에 쓰일 수 있는 다양한 외래종 식물들을 기재한 연보를 발행하기 시작했다.

19세기 초에 유럽의 화학자들은 유용식물 종들로부터 활성 화합물을 분리하는 기술을 개발했고, 이 기술을 토대로 과학자들과 식물학자들은 유용식물이라고 알려진 많은 종들에 어떤 약효 성분이 있는지를 조사하기 시작했다. 18세기 말에 화학자들은 양귀비의 진통 효과에 특히 관심을 보였다. 당시 인도에서는 아편 교역이 활황이었다. 1805년 독일 약제사인 프리드리히 세르튀너는 아편의 활성 성분을 추출하는 방법을 고안했고, 그 성분을 꿈의 신인 모르페우스(Morpheus)의 이름을 따서 모르핀(morphine)이라고 불렀다. 오늘날에도 여전히 모르핀은 가장 효과적인 진통제 중 하나로 남아 있다. 또 하나의 중요한 약용식물은 1600년대에 남아메리카로 파견되었던 예수회 선교사들이 유럽으로 들여온, 기나나무였다. 페루의 케추아족은 수세기 동안 기나나무의 껍질을 감기에 걸려 생기는 오한을 치료하는 데에 사용해왔다. 케추아족은 이 껍질을 정제되지 않은 상태로, 잘 빻아서 가루로 만들어 포도주에 타서 먹었다. 페루 리마의 약방에서 일하던 젊은 예수회 수사인 아고스티노 살룸브리노는 이 조제법을 말라리아가 일으키는 열병을 치료하는 데에도 쓸 수 있을 것이라고 생각했다. 그는 당시 말라리아가 창궐하고 있던 로마로 서둘러 기나나무 껍질을 보냈다. 놀랍게도 살룸브리노 수사의 직감은 옳은 것으로 드러났고, 기나나무 껍질은 1632년 교황의 도시에서 최초로 말라리아 치료에 쓰였다.

곧 기나나무 껍질의 약효가 강력하다는 소식이 퍼졌고, 말라리아가 창궐하곤 하던 지역들에서 그것을 예방약으로 쓰는 사례들이 급증했다. 유럽 국가들이 아프리카, 아시아, 남아메리카에 식민지를 건설하기 시작함에 따라서, 이 식물의 수요도 늘어났다. 그러나 이 껍질에서 말라리아 기생충을 죽이는 화학성분을 추출하기까지는 오랜 세월이 지나야 했다. 1820년 프랑스 과학자인 피에르 펠티에와 조제프 카방투가 그 선구적인 일을 해냈다. 이 화학물질에는 기나나무 껍질을 가리키는 페루 단어인 키나키나(quina-quina)를 따서 키닌(quinine)이라는 이름이 붙었다. 키닌이라는 혁신적인 약물을 이용하여 말라리아를 치료함으로써, 식민지 개척자들은 창궐하는 말라리아 때문에 도저히 접근할 수 없었던 아프리카와 아시아의 열대 지역까지 진출할 수 있었다. 키닌 이후로 강력한 말라리아 치료제들이 많이 개발되었지만, 다른 합성약들에 대한 내성이 널리 퍼짐에 따라, 현재는 몇몇 가장 치명적인 말라리아 균주(菌株)와 맞서 싸우기 위해서 기나나무의 활성 성분인 키닌을 다시 사용하는 방안이 대두되고 있다. 오늘날 널리 퍼진 말라리아 균주들을 치료하는 데에 키닌만큼 약효가 있는 것은 아르테미시닌(artemisinin)뿐이다. 이 약물도 개똥쑥(*Artemisia annua*)이라는 식물에서 추출한 것이다. 중국 의학에서는 이 약효가 강한 식물을 황화호(黃花蒿)라고 하여 수세기 동안 이용

해왔다. 서구 세계는 1970년대에야 그것을 재발
견했을 뿐이다.

맞은편 **놀라운 나무껍질**
버드나무의 껍질은 수천 년 전부
터 열과 염증을 가라앉히는 데에
이용되었다.

　약용으로 매우 귀중한 나무가 또 하나 있다.
고대 이집트인, 그리스인, 아메리카 원주민들 모
두가 예부터 진통제로 써온 버드나무의 껍질이다. 1700년대와 1800년대에 연구
자들은 이 껍질에서 강력한 진통 효과가 있는 화학물질을 추출하고 분리하기 위
해서 많은 노력을 기울였고, 성과는 사람마다 달랐다. 1758년 영국의 성직자인
에드워드 스톤은 버드나무의 잔가지를 씹다가 그 쓴맛이 기나나무 껍질의 쓴맛
과 비슷하다는 것을 알아차렸다. 그는 둘이 비슷한 화학물질을 가지고 있을 것
이라고 짐작하고서, 버드나무 잔가지를 꺾어서 잘 말린 뒤 가루를 냈다. 그는 류
머티즘 열을 앓고 있는 교구민 몇 명을 대상으로 그 가루가 효과가 있는지 실험
에 착수했다. 놀랍게도 버드나무 껍질은 소염과 진통 효과가 있는 것으로 드러
났고, 그의 연구 결과는 1763년 왕립학회 『철학회보(*Philosophical Transactions*)』
에 실렸다. 이 발견을 토대로 약 60년 뒤인 1828년에, 뮌헨 대학교의 약학 교수
인 요한 부흐너는 버드나무 껍질에서 몇 그램의 순수한 노란 결정을 추출하는
데에 성공했다. 그는 버드나무속의 학명[*Salix*]을 따서 그 물질에 살리신(salicin)
이라는 이름을 붙였다. 1829년에는 프랑스 화학자인 앙리 르로가 추출과정을
개선하여 버드나무 껍질 1킬로그램에서 살리신을 25그램까지 추출했고, 곧이어
파리에서 일하던 이탈리아 화학자 라파엘레 피리아는 살리신을 더욱 약효가 강
한 물질로 전환하는 방법을 고안했다. 그는 그 물질에 살리실산(salicylic acid)이
라는 이름을 붙였다. 살리실산은 다량 투여하면 위장에 염증을 일으키기는 하지
만, 각종 통증과 열에 강한 효과를 발휘한다. 그 뒤에 이 약물을 연구하던 독일
과학자들은 살리실산에 아세틸기(acetyl group)를 덧붙이면, 염증을 일으키는 부
작용을 줄일 수 있다는 사실을 알아냈다. 이윽고 1897년에 독일의 한 제약회사
가 아세틸살리실산, 즉 아스피린의 대규모 임상실험을 시작했고, 그리하여 오늘
날 세계에서 가장 널리 쓰이는 약물 중 하나가 탄생했다. 보잘것없는 버드나무
에서 유래한 아스피린은 현재 뇌졸중, 당뇨병, 암, 치매, 심장병 등 다양한 질병
의 치료에 쓰이며, 한 해에 전 세계에서 소비되는 아스피린의 양은 무려 4만 톤에
달한다.

5

식물의
의사소통

"식물의 생태환경을 더 깊이 이해해야만

우리는 식물 세계의 상호작용을 더 많이

해독할 수 있을 것이다."

식물 세계는 우리의 눈으로 보고 코로 맡을 것들을 제공한다. 그러나 그 화려한 색깔과 짙은 냄새는 인간을 즐겁게 하기 위한 것이 아니다. 그것들은 식물과 동물, 식물과 이웃 식물을 연결하는 복잡한 의사소통 체계의 일부이다. 인류는 오랜 세월 동안 식물이 별 다른 활동을 하지 않으면서 침묵한 채 자기 서식지에서 묵묵히 살아간다고 믿었다. 그러나 지금은 식물이 토양과 공기를 통해서 의사소통을 할 수 있음을 안다. 자신의 환경에서 나름대로 활동하며 살아가기 위해서, 식물은 생태계를 지탱하는 복잡한 상호작용의 망을 자극하고 촉진하는 신호를 보내야 한다. 꽃은 시각 신호와 후각 단서를 이용하여 자신의 위치를 알리고, 꽃가루받이를 할 준비가 되었음을 선포한다. 먹히지 않기 위해서 자신에게 유독한 화학물질이 있음을 시각 신호로 동물에게 경고를 하는 식물도 있고, 같은 신호를 이용하여 실제로는 그렇지 않음에도 불구하고 자신에게 독성이 있는 척하는 식물도 있다. 식물의 달콤한 열매는 냄새를 풍겨서 씨를 퍼뜨릴 동물을 꾀어들인다. 또 화학물질을 이용하여 경쟁관계에 있는 다른 식물 종이 가까이 오지 못하도록 하는 식물도 있고, 화학물질로 주변에 있는 같은 식물 종에 위험이 닥쳤음을 경고하는 식물도 있다.

인간의 감각은 자신에게 중요한 것을 감지하도록 조율되어 있다. 우리의 눈은 빛 스펙트럼에서 특정한 구간의 파장만을 포착할 수 있다. 우리의 혀에 있는 미뢰와 코는 영양가 있고 몸에 좋은 음식을 포착하고 유독하거나 해로운 물질이 든 음식에는 경고를 보내도록 조율되어 있고, 우리의 귀는 사람의 목소리가 내는 음역에 맞추어져 있다. 마찬가지로 식물도 자신이 의사소통을 하는 식물이나 동물에 맞추어진 특정한 범위 내에서 신호를 주고받으며, 각 종은 시각적이거나 화학적인 형태의 독특한 언어로 신호를 주고받을 수 있다. 인간의 감각 수용기는 우리의 지각 범위와 식물 세계의 메시지가 겹치는 영역에서는 때로 식물들의 대화를 엿들을 수 있고, 그런 메시지를 꽃에서 보는 화려한 색깔이나 꽃이 뿜어내는 강렬한 향기, 소나무 숲의 독특한 향내나 유칼립투스 숲의 끈적거리는 냄새로 해석한다. 그러나 식물 세계의 의사소통 중 대부분은 우리의 지각 범위 너머에 있으며, 때문에 우리는 대체로 알아차리지 못한 채 지나친다. 식물의 생태환경을 더 깊이 이해해야만 우리는 식물 세계의 상호작용을 더 많이 해독할 수 있을 것이다.

냄새

식물은 공기를 타고 흐르는 온갖 냄새를 내뿜는다. 여름이면 공기는 토마토의 흙내 나는 향기와 유채 밭의 강렬한 냄새와 막 깎은 잔디의 향긋한 냄새로 가득해진다. 봄에는 라일락의 강렬한 향기와 습기가 가득한 숲의 아침 이슬이 우리의 후각계를 맹폭격하며, 가을에는 축축한 땅과 썩어가는 낙엽 더미의 독특한 냄새가 산들바람에 풍겨온다. 그러나 우리는 식물들이 내뿜는 이런 냄새들이 식물에 관해서 정확히 무엇을 말해주는지 거의 생각하지 않는다. 예를 들면, 사람들은 수세기 동안 야래향(*Cestrum nocturnum*)의 강한 향기에 치료 효과가 있다고 막연히 생각했는데, 나중에 그 향기가 정말로 각성도를 높이고 정신을 자극하는 효과가 있음이 입증되었다.

그러나 야래향의 달콤한 향기는 이 식물 종의 생존에 도움을 주기 위해서 진화한 것이다. 야래향, 그리고 식물 세계의 다른 모든 꽃들이 저마다 풍기는 독특한 향기는 하나 이상의 특정한 곤충, 즉 꽃가루 매개자들을 꾀기 위해서 만들어진 것이다. 야래향의 향기는 나방을 꽃으로 꾀어들이는 특정한 진화적 기능을

위 **천상의 향기**
야래향의 꽃은 밤에 피면서 매혹적인 향기를 뿜어낸다.

한다. 이 나팔 모양의 섬세한 꽃은 땅거미가 질 무렵에 피면서 향기를 내뿜는다. 향기는 수 킬로미터까지 퍼져나갈 수 있다. 나방은 영양가가 높은 꿀이 있다는 이 꽃의 광고를 포착하고서 향기를 따라 꽃을 찾아온다. 도착한 나방은 먹이를 얻고 보답으로 꽃가루받이를 해준다. 시간이 흐르면서 나방과 야래향 양쪽에서 특수한 적응형질이 발달하면서 이 호혜적인 관계가 강화되었을 것이다. 자연선택을 통해서 향기가 강한 꽃이 더 많이 번식에 성공함으로써, 그런 꽃을 피우는 야래향이 그 서식지에서 우위를 차지하게 되었고, 그것이 바로 오늘날 우리가 보는 강렬한 향기를 내뿜는 야래향이라는 식물이 되었을 것이다. 마찬가지로 나방의 더듬이도 시간이 흐르면서 야래향의 향기에 든 화학물질을 더 잘 감지하도록 진화했을 것이다. 그럼으로써 다른 꽃가루 매개자들보다 꽃의 위치를 더 잘 찾아낼 수 있었을 것이다. 곤충에게 신호를 보내기 위해서 냄새 물질을 만드는 데에 투자해온 식물들은 대단히 많다. 오래 전부터 인류는 이 향기 나는 종을 이용하여 온갖 향신

료, 약재, 향료를 만들었다. 사람은 콧속의 상피세포에 있는 100만 개가 넘는 수용기를 통해서 후각계와 상호작용을 하면서 냄새를 지각하는 반면, 곤충은 더듬이를 통해서 냄새를 맡는다. 사람이 코를 킁킁거릴 때, 곤충은 더듬이를 흔들어서 공기 중의 냄새를 맡으며, 일부 곤충의 더듬이는 사람의 코보다 1만 배까지도 더 예민하다. 아마 가장 잘 알려진 꽃가루 매개자는 꿀벌일 것이다. 미국에서 작물의 꽃가루를 옮기는 꿀벌의 일을 경제적 가치로 환산하면, 연간 약 2,000억 달러로 추정된다. 그러나 벌 외에도 수많은 곤충들이 현화식물의 꽃가루를 옮기는 일을 한다. 1억4,000만 년 전 꽃이 처음 출현했을 때는 파리와 딱정벌레가 꽃가루 매개자였다. 지금은 나비, 나방, 벌, 꽃등에, 모기를 비롯한 온갖 곤충들이 꽃가루를 옮긴다. 꽃의 강렬한 향기 덕분에 곤충 꽃가루 매개자들은 먼 거리에서도 꽃을 찾아낼 수 있다. 일부 나방 종은 2킬로미터 떨어진 곳에서도 꽃의 향기를 감지할 수 있다. 모든 곤충의 머리에 돋아난 한 쌍의 더듬이는 모양이 저마다 다르다. 깃털처럼 생긴 것도 있고, 노처럼 생긴 것도 있

으며, 빳빳한 털로 뒤덮인 것도 있다. 더듬이는 일반 털과 길이가 다른 감각모로 뒤덮여 있고, 가장 예민한 더듬이는 꽃에서 뿜어진 냄새 분자의 농도가 몇 ppm에 불과한 상태에서도 분자 하나와 결합하여 반응할 수 있다. 바다에 흘러나온 피 한 방울의 냄새를 알아차리는 장완흉상어에 맞먹는 수준이다. 꽃의 냄새 분자 는 증발을 통해서 공기 중으로 방출되며, 바람을 타고 운반되면서 길게 냄새 기 둥을 만든다. 이 냄새 기둥을 따라 역추적하면 꽃에 이르게 된다. 흩어진 분자들 중 하나가 그 식물의 꽃가루를 옮기는 곤충의 더듬이에 결합될 것이다. 나방 같 은 곤충은 일단 냄새 기둥을 찾아내면, 냄새의 흔적을 놓치지 않기 위해서 갈지 자형으로 냄새 기둥을 따라 날아간다. 그러면 이윽고 꽃이 보이는 지점에 이르게 된다.

벌과 같은 많은 꽃가루 매개자들은 냄새를 포착하는 경이로운 능력을 가지 고 있을 뿐만 아니라, 구체적인 냄새를 구별하고 기억할 수도 있고, 거기에 반응 하여 일부 꽃은 복잡한 냄새 혼합물을 방출한다. 그럼으로써 꽃 항상성(flower constancy)이라고 하는 것을 촉진한다. 이것은 벌이 더 영양가 있는 종들이 근처 에 있을 때조차도 단 한 종의 꽃만을 찾아서 먹이를 먹는 쪽을 택하는 행동을 말한다. 이것이 꽃가루를 같은 종의 다른 개체에게 효과적으로 전달할 수 있게 하므로 식물에는 유익할지라도, 곤충에는 불리한 듯이 보인다. 더 가치 있을 수 도 있는 먹이 자원들을 그냥 지나치도록 부추기기 때문이다. 다윈은 그런 일방 적인 관계가 어떻게 진화할 수 있었는지를 깊이 고민했고, 1876년 채소의 꽃가루 받이를 다룬 논문에 이렇게 썼다. "곤충이 가능한 한 오래 같은 종의 꽃에 들르 도록 하는 것이 식물에 대단히 중요하다.……그러나 곤충이 식물을 위해서 이런 식으로 행동한다고 가정할 사람은 아무도 없을 것이다. 이유는 아마도 곤충이 그렇게 함으로써 더 빨리 일할 수 있다는 데에 있을 것이다. 곤충은 그 꽃에 가 장 좋은 자세로 내려앉고, 어느 방향으로 얼마나 깊이 주둥이를 집어넣어야 하 는지를 막 배웠을 것이다. 그들은 엔진 6기를 제작해야 해서 엔진의 바퀴를 비롯 한 부품들을 똑같이 만듦으로써 시간을 절약해야 하는 기술자가 채택하는 것과 똑같은 원리에 따라서 행동한다." 그러나 다윈의 논리는 왜 꽃가루 매개자가 영 양가 있는 수많은 꽃들 모두에 가장 좋은 자세로 내려앉는 법을 배우지 않는지 는 제대로 설명하지 않는다.

비록 꽃 항상성이 식물이 곤충을 이용하고 있음을 시사할지라도, 곤충은 여전히 자기 노력의 보답으로 풍부한 꿀을 받는다. 그러나 보상을 제공하지 않고도 꽃가루를 옮기도록 곤충을 속이는 수단으로 냄새를 이용하는 식물 집단도 있다. 그 능력은 지금까지 알려진 난초 3만 종 가운데 약 3분의 1에서 진화했고, 그들은 주로 강한 냄새를 이용하여 이 속임수를 펼친다. 냄새를 이용해서 난초는 대부분의 곤충이 원하는 대상을 흉내낸다. 자신을 교미 상대나 먹이로 착각하게 만드는 셈이다. 오스트레일리아의 크립토스틸리스 수불라타(*Cryptostylis subulata*)라는 난초는 리소핌플라 엑셀사(*Lissopimpla excelsa*)라는 맵시벌 종 암컷의 페로몬을 똑같이 모방한 냄새 물질을 분비한다. '멍청한 맵시벌(dupe wasp)'이라는 별명이 붙은 이 벌의 수컷은 냄새에 속아서 난초의 꽃을 암벌로 착각한다. 그래서 서둘러 올라타서 교미를 시도하며, 심지어 사정까지도 한다. 이 과정에서 꽃가루를 옮긴다. 수벌은 같은 난초 종의 꽃이 보일 때마다 반복하여 같은 행동을 할 것이며, 이는 수벌이 자신도 모르는 사이에 수백 송이의 꽃에 꽃가루를 옮긴다는 의미이다. 중국 하이난 섬의 특산종 난초인 덴드로비움 시넨세(*Dendrobium sinense*)는 더욱 독창적인 속임수를 쓴다. 이 종은 아시아 꿀벌과 유럽 꿀벌 두 종의 경보 페로몬을 모방한 냄새를 풍긴다. 포식자인 말벌 종, 베스파 비콜로르(*Vespa bicolor*)는 이 거짓 경보 신호를 포착하고 난초가 있는 곳으로 날아와서, 난초 꽃을 다친 꿀벌로 착각하고서 덮친다. 공격적으로 덮칠 때 말벌의 몸 전체는 난초의 끈적거리는 꽃가루로 뒤덮인다. 그러면 다음 난초 꽃으로 가서 '공격할' 때 어쩔 수 없이 꽃가루를 옮기게 된다.

꽃 한 송이는 많으면 100가지나 되는 냄새 화학물질을 만들 수 있으며, 이 물질들이 결합하여 복잡한 냄새 패턴을 빚어내며, 이 패턴은 시간이 흐름에 따라 바뀌면서 특정한 메시지를 전달한다. 낮에 피는 꽃은 밤에 냄새를 '끌' 수 있으며, 이 메커니즘은 에너지를 절약하는 데에 도움을 주는 듯하다. 몇몇 밤에 피는 꽃들은 밤공기에 냄새가 잘 퍼지도록 물결이 연달아 밀려들듯이 간헐적으로 왈칵왈칵 냄새를 뿜어낸다.

꽃이 꽃가루 매개자를 유혹하기 위해서 사용하는 냄새가 장미나 인동덩굴의 향기처럼 기분 좋은 것만 있는 것은 아니다. 곤충 세계의 호감

맞은편 **난초의 속임수**
맵시벌을 꾀는 크립토스틸리스 난초의 능력은 식물에서 진화한 놀라운 번식방법 중 하나이다.

위 **죽은말천남성**

이 꽃은 강렬한 악취뿐 아니라 열도 발생시켜서 똥파리를 꾀어 들인다.

이 덜 가는 구성원들을 유혹하기 위해서 향기롭지 않은 냄새를 풍기는 것들도 있다. 흔히 시체꽃이라고 하는 식물 집단은 이 방식을 이용한다. 그들은 고기가 썩는 듯한 악취를 풍겨서 죽은 동물을 먹는 파리와 딱정벌레를 꾄다. 코르시카에서 자라는 악취를 풍기는 죽은말천남성(*Helicodiceros muscivorus*)이라는 식물은 손가락처럼 튀어나온 것, 즉 봄에 피는 천남성 특유의 꽃 한가운데에서 뻗어나온 육수꽃차례에서 악취를 뿜어낸다. 이 악취로 먹이를 찾거나 알을 낳을 곳을 찾는 똥파리 암컷을 꾀어들인다. 식물학자들은 이 꽃의 악취 원인물질이 정확히 무엇인지를 놓고 오랫동안 추측을 해왔으며, 그에 상응하는 천연물질을 찾기 위해서 많은 검사를 했다. 2002년 『네이처』에 그 고약한 냄새가 올리고황화물(oligosulphide)이라는 화학물질 집단에서 나오는 것이라는 연구 결과가 발표되었다. 이 물질은 죽은 갈매기에서 나는 악취를 거의 완벽하게 모방한다. 나중에 똥파리의 더듬이가 죽은 갈매기와 죽은말천남성의 화학물질에 어떤 신경 반응을 보이는지 조사해보니, 똥파리는 그 냄새만으로는 꽃과 썩어가는 고기를 구별하지 못한다는 사실이 드러났다.

식물은 자신을 먹고 싶어하는 수많은 초식동물로부터 몸을 보호할 필요가 있다. 식물에게 보호란 강력한 화학물질을 의미한다. 곤충을 물

리치고 초식성 포유동물을 쫓아내기 위해서, 식물은 잎과 녹색 부위에 휘발성 기름과 수지를 가득 채운다. 이 물질들은 동물 세계에 그 식물이 먹기에 좋지 않다는 점을 알리는 역할을 한다. 매우 기이하게도, 이런 화학물질들 중 상당수는 우리 인간의 감각에는 매혹적으로 다가온다. 초본들의 매우 다양한 향기와 마늘, 고추, 정향, 겨자의 냄새가 대표적이다. 그러나 약초원의 향기로운 냄새와 으깬 솔잎의 상쾌한 향기는 사실 식물의 방어 메커니즘이다. 이 강력한 신호를 발하는 휘발성 화학물질들은 이차 대사산물이다. 즉 식물이 생장하는 데에 필요한 기본 성분들 외에 부수적으로 생산되는 물질이라는 뜻이며, 타감작용 물질(allelochemicals)이라고도 한다. 이 화학물질들은 크게 알칼로이드, 테르페노이드, 페놀화합물 세 종류로 구분하며, 식물은 각각을 서로 다른 방식으로 활용하여 생존을 도모한다. 그 식물을 뜯어먹는 동물에 직접 독성을 끼치는 것도 있고, 식물을 맛이 없고 소화가 잘 되지 않게 하는 것도 있다. 가장 흥미로운 것은 자신을 보호해달라고 다른 동물들을 끌어들일 수 있는 화학물질이다.

전 세계에 가장 널리 분포한 침엽수인 구주소나무(*Pinus sylvestris*)가 그런 식물 중 하나이다. 구주소나무는 유럽과 아시아의 핵심 종이며, 많은 동식물들을 먹여 살리는 중추적인 역할을 한다. 나뭇잎들이 다 그렇듯이, 구주소나무의 바늘잎에도 먹겠다고 달려드는 곤충들이 많이 있다. 구주소나무에 특히 피해를 주는 것은 누런솔잎벌(*Neodiprion sertifer*)이다. 이 곤충은 주로 구주소나무의 바늘잎 속에 알을 낳는다. 애벌레가 알에서 깨어나자마자 바늘잎을 먹을 수 있도록 하기 위해서이다. 그러나 구주소나무는 누런솔잎벌이 알을 집어넣기 위해서 바늘잎을 자르자마자, 테르펜(terpene)이라는 톡 쏘는 듯한 자극적인 화학물질을 상처 주변의 물관으로 분비한다. 테르펜은 이 화학물질을 포함한 수지에서 생산되는 방향유인 테레빈유(turpentine)에서 유래한 단어이다. 식물계 전체로 보면, 테르펜은 약 2만9,000가지에 이르는 것으로 추정되며, 각 물질은 저마다 독특한 방식으로 식물의 의사소통과 방어에 기여한다. 누런솔잎벌의 알은 구주소나무에 엄

청난 위협이 된다. 알에서 나온 애벌레가 갉아먹는 솔잎의 양이 엄청나기 때문이다. 따라서 구주소나무의 화학적 방어기구는 대단히 중요하다. 1차 방어선은 테르펜을 왈칵 분비하여 솔잎을 맛없게 만듦으로써 부화한 애벌레가 솔잎을 기피하도록 하는 것이다. 이 방법이 피해를 어느 정도 줄여줄 수는 있지만, 일부 애벌레들은 계속해서 솔잎을 갉아먹을 수 있다.

한편 테르펜은 2차 방어선도 구축한다. 테르펜 화학물질은 휘발성이 아주 강해서 공기에 노출되자마자 바람에 실려 운반되며, 곧 이 향긋한 화학물질들이 소나무를 연무처럼 둘러싼다. 테르펜 연무는 강한 향기를 내뿜으며, 비록 우리 눈에는 보이지 않지만 그 향기는 맡을 수 있다. 이 독특한 송진 향기는 전 세계의 모든 소나무 숲에서 접할 수 있는 특징이다. 이 냄새가 인간에게는 색다른 향기처럼 느껴질지 몰라도, 소나무는 이 냄새를 이용하여 이웃 식물들과 동물들에게 강력한 메시지를 전달한다. 일차적으로 테르펜 신호는 공격을 받는 식물 자신의 다른 가지들에서 테르펜 농도가 높아지도록 자극한다. 솔잎벌이 알을 더 낳거나 애벌레가 갉아먹는 것을 저지하기 위해서이다. 이어서 화학물질 연무가 숲 속으로 서서히 퍼져나가면, 포식성 기생 좀벌인 크리소노토미아 루포룸(*Chrysonotomyia ruforum*)이 이 냄새를 포착한다. 좀벌은 더듬이를 이용하여 이 휘발성 냄새의 근원지를 찾아낼 수 있다. 좀벌 암컷은 소나무의 경고 신호를 따라와서 나무를 찾아내자마자 즉시 행동에 착수한다. 그렇다고 좀벌이 솔잎벌 애벌레를 잡아먹는 것은 아니다. 좀벌은 솔잎벌이 솔잎을 잘라내고 알을 낳은 곳을 찾아내면, 알 위로 올라가서 바늘처럼 날카로운 자신의 산란관을 찔러넣어서 솔잎벌의 알 속에 자신의 알을 낳는다. 좀벌의 애벌레는 솔잎벌의 알 속에서 부화한 뒤, 아직 깨어나지 않은 솔잎벌 애벌레를 조금씩 먹어치운다. 좀벌의 애벌레는 2주일 뒤에 밖으로 나온다. 식물과 곤충 사이의 이런 '삼중 영양단계(tritrophic)' 관계는 효과가 좋아서 전 세계의 여러 식물 종들에서도 나타난다. 예를 들면, 냉이류는 배추흰나비 애벌레의 공격을 받으면, 시니그린(sinigrin)이라는 휘발성 물질을 분비하는데, 이 물질은 기생 말벌에게 어서 와서 살아 있는 애벌레의 몸속에 알을 낳으라는 신호가 된다. 말벌의 애벌레는 살아 있는 흰나비 애벌레의 몸을 뜯어먹고 밖으로 나온다. 제라늄도 진딧물이 갉아먹으면 잎과 줄기로 자극성을 띤 알칼로이드를 분비하여, 잎을 맛없게 만드는 동시에 기생 말벌에

게 진딧물에 알을 낳으라는 신호를 보낸다.

식물이 곤충에게 신호를 보낼 수 있다는 개념은 수백 년 전부터 알려져 있었지만, 식물이 다른 식물들과 의사소통을 한다는 개념은 상당히 최근에 나온 것이다. 식물을 연구하던 독일의 구

위 **식물의 전쟁**

식물은 진드기 같은 게걸스러운 포식자들을 막기 위해서 수많은 복잡한 화학적 방어기구를 구축했다.

스타프 페허 교수는 1854년에 식물이 감정을 느끼고 고통을 느낄 수 있다는 결론에 이르렀다. 과학계는 식물이 복잡한 신호에 반응할 수 있다는 증거가 없다는 이유로 그런 개념을 으레 거부하곤 했다. 그러다가 1980년대 초에 과학자들은 특정한 나무들이 서로 '대화하는' 능력을 가졌는지 알아보는 실험을 시작했다. 미국의 동물학자 데이비드 로더스는 3년간 야외에서 혁신적인 실험을 시행하여, 곤충에 피해를 입은 버드나무 옆에서 자라는 버드나무들이 더 멀리 떨어져 있는 버드나무들보다 곤충의 공격에 피해를 덜 입는다는 사실을 발견했다. 마찬가지로 단풍나무와 포플러의 묘목을 곤충에 피해를 입은 나무 곁에 놓자, 곤충을 방어하는 화학물질의 양이 증가했다. 이런 발견들이 같은 종의 식물 개체들 사이

에 어느 정도 의사소통이 이루어진다는 것을 시사하는 듯이 보일지라도, 진화적 관점에는 맞지 않았다. 1980년대와 1990년대 내내 더 많은 연구

들이 이루어졌고, 현재 생태학자들은 식물 세계가 포식자를 끌어들여서 피해를 입히는 곤충을 제거하는 방식으로 곤충 세계와 '대화를 한다'는 점은 맞지만, 이웃한 식물들끼리 직접 의사소통을 하지는 않는다고 믿는다. 그러나 이웃한 식물들이 다른 식물이 보내는 신호에 반응할 수 있고, 따라서 갉아먹는 곤충에 맞서 자신을 보호하기 위해서 보호 화학물질을 더 많이 분비하는 사례들이 발견되고 있다. 예를 들면, 산쑥은 잎에서 휘발성 방어 화학물질을 방출하는데, 공격을 받으면 이 화학물질 방출량이 600퍼센트 이상 증가한다. 근처에서 자라는 담배 식물들도 이 화학물질 신호를 포착하여 자신의 방어물질 농도를 높일 것이다.

식물이 방출하여 바람에 실려 떠다니는 이런 허공의 신호는 아주 멀리까지도 퍼져나가 더 넓은 서식지에 사는 동식물들이 포착하도록 하는 데에 가장 알맞다. 그러나 식물은 주변 생물들에게 보낼 단거리 신호도 만들 수 있고, 이 신호는 공기와 토양을 통해서 물과 양분을 차지하기 위해서 경쟁할 가능성이 높은 가까이 있는 다른 식물에 전달된다. 식물이 자기 주변에서 다른 식물이 자라지 못하게 억제하는 능력이 있다는 사실은 기원전 300년에 그리스에서 아리스토텔레스의 제자인 테오프라스토스가 처음 관찰했다. 그는 병아리콩 개체들이 자신들이 자라는 주변 토양의 지력을 '고갈시켜서' 다른 식물들을 없앤다는 사실을 알아차렸다. 기원후 1세기에 대(大)플리니우스도 보리나 호두나무가 토양을 '말라붙게' 해서 근처에 다른 식물이 자라지 못하게 한다는 것을 관찰했다. 1937년 오스트리아의 한스 몰리슈 교수는 식물이 이렇게 주변의 식물들에 영향을 끼치

"식물은 자연선택의 과정을 통해서 자신도 모르게 꽃의 형태들을 실험하기 시작했다."

126

는 능력을 타감작용(他感作用, allelopathy)이라고 이름 붙였다. '서로'라는 뜻의 그리스어 알렐론(allelon)과 '고통'이라는 뜻의 파토스(pathos)를 합성한 용어였다. 그 뒤로 식물이 어떻게 화학물질을 사용하여 다른 식물을 억제할 수 있는지에 대한 수많은 연구가 이루어졌다. 지금은 타감작용을 하는 화학물질이 식물이 분비하는 일종의 천연 제초제라는 사실이 알려져 있다. 이 화학물질은 경쟁하는 식물 종의 싹과 뿌리의 생장을 억제하는 효과가 있다. 종에 따라서 잎, 꽃, 뿌리, 열매, 씨, 줄기에 화학물질이 있을 수 있고, 주변 토양에도 있을 수 있다.

아마 유칼립투스류가 타감작용을 하는 식물들 중에서도 가장 잘 알려진 편에 속할 것이다. 오스트레일리아의 자생식물인 이들은 전 세계의 정원과 공원에 이식되어 자라고 있다. 유칼립투스 나무의 독특한 청회색 잎과 나무껍질에는 휘발성 방향유와 타감작용 물질이 가득 들어 있다. 이 물질 때문에 유칼립투스 나무는 독특한 멘톨 향이 나며, 이 화학물질은 대다수의 동물들에 매우 유독하다. 유칼립투스는 방향유를 대량으로 만드는데, 조건이 알맞으면 이 방향유는 미세한 기름방울 형태로 증발되어 대기를 청색 연무로 가득 채운다. 1788년 유칼립투스로 뒤덮여 있던 카마던과 랜스다운 힐스라는 오스트레일리아 지역은 아예 블루 마운틴스(Blue Mountains)로 지명을 바꾸었다. 유칼립투스의 방향유가 가득 든 잎이 땅에 떨어져서 썩기 시작하면, 타감작용 물질들은 빗물의 도움을 받아 잎에서 빠져나와 흙으로 들어간다. 나무의 뿌리에서도 같은 화학물질들이 흙으로 분비된다. 그럼으로써 이 나무는 주변의 흙에서 자신과 경쟁할 가능성이 있는 식물이 자라지 못하게 억제한다.

색깔

꽃들의 저마다 다른 냄새, 크기, 모양, 색깔은 함께 작용하여 벌, 파리, 나방, 나비, 딱정벌레뿐 아니라, 작은 포유동물과 새 등 대단히 다양한 꽃가루 매개자들을 끌어들이는 데에 기여한다. 그러나 현화식물의 주된 꽃가루 매개자는 날아다니는 곤충들이다. 그들은 꽃의 꿀을 먹으며 돌아다니면서 꽃가루를 옮긴다. 세계 현화식물의 약 70퍼센트가 그들의 도움을 받아 번식한다. 막상 곤충은 자신이 꽃가루를 알맞은 꽃에 옮기고 있는지 여부에 전혀 관심이 없으므로, 꽃은 곤충이 같은 종의 개체에 들를 확률을 더 높이기 위해서, 다른 종보다 자신이 제공하는 달콤한 먹이가 더 눈에 잘 띄고 더 매력적으로 보이게 할 필요가 있다. 꽃이 자신을 더 크게 광고할수록 꽃가루 매개자의 관심을 끌 가능성은 더 높아지겠지만, 꽃이 무한정 커지는 쪽으로 진화한다면, 뿌리의 크기나 맺을 수 있는 씨의 수 같은 다른 부위들의 적응도는 줄어들 수밖에 없을 것이다. 식물이 그저 가능한 한 가장 큰 꽃을 피우는 데에 에너지의 대부분을 투자한다면, 맛없는 화학물질로 잎을 채우거나 가시를 만드는 등 초식동물에 맞서 방어를 하는 데에 쓸 에너지는 거의 없을 것이다. 꽃은 대다수의 꽃가루 매개자를 유혹할 '이상적인' 꽃을 피우는 것과 전체적으로 식물의 적응도에 투자할 만큼 충분한 자원을 남기면서 경제적으로 꽃을 피우는 것 사이에 균형을 이루도록 진화해왔다. 이것이 바로 우리가 오늘날 주변의 자연에서 보는 온갖 모양과 크기의 꽃을 낳은 기

식물 종은 저마다 벌새의 다른 부위에 꽃가루를 뿌리는데, 그럼으로써 벌새가 같은 종에 속한 꽃에 꽃가루를 옮길 가능성을 높인다.

본 원리이다.

그러나 어느 한 서식지에 있는 모든 식물들이 흡수할 수 있는 빛, 양분, 물의 양이라는 똑같은 제한요인들에 속박되어 있다면, 왜 이 식물들은 경제적 모형에 따라서 크기와 모양과 색깔이 똑같은 꽃을 피우지 않는 것일까? 이유는 자연계가 경쟁을 토대로 한 체계이기 때문이다. 모든 꽃들이 똑같다면, 곤충들은 이 식물에서 저 식물로 무차별적으로 날아다닐 것이므로, 같은 종의 다른 개체로 꽃가루를 옮기지 않을 확률이 높을 것이다. 이 꽃이나 저 꽃이나 매력에 아무런 차이가 없을 것이기 때문이다. 1억 4,000만 년 전 지구에 처음으로 현화식물이 출현했을 때에는 이런 문제가 없었을 것이다. 고대 경관에서 유일한 꽃이었으므로 새롭다는 점만으로도 꽃가루 매개자들을 충분히 끌어들였을 것이다. 하지만 자연선택이 작용하여 이윽고 식물 세계는 특정한 꽃가루 매개자의 관심을 사로잡기 위한 새로운 꽃들로 다양해졌다.

식물은 자연선택의 과정을 통해서 자신도 모르게 꽃의 형태들을 실험하기 시작했다. 새로운 세대가 시작될 때마다 식물의 유전자들이 다시 섞이면서 이따금 돌연변이를 일으킴으로써, 꽃의 크기, 꽃잎의 기본 설계, 꽃의 색깔에 변화가 일어났고, 이 새로운 변화들 중 일부는 특정한 동물의 관심을 끌었다. 대체로 곤충은 꽃잎이 눈에 띄지 않는 꽃보다 더 화려하고 돋보이는 꽃을 더 자주 찾았을 것이고, 그럼으로써 그런 꽃의 꽃가루는 더 자주 옮겨졌을 것이다. 가장 화려한 꽃이 찾아온 곤충에게 영양가가 높고 달콤한 보상까지 주었다면, 곤충은 더욱 그 꽃에 매료되었을 것이다. 시간이 흐르면서 특정한 형태의 꽃을 찾는 꽃가루 매개자가 늘어나면서 딴꽃가루받이, 수정, 더 많은 씨의 형성이 이루어질 가능성이 더 높아져서, 이 식물의 개체 수는 늘어났을 것이다. 동물계는 방문할 꽃을 선택하는 상황에 직면하면 특정한 모양과 색깔의 꽃을 선호하는 경향을 보이며, 현화식물은 자신의 꽃가루 매개자에게 가장 효과적인 수단을 이용하도록 진화했다. 그에 따라 그들의 꽃은 이렇게 저렇게 변형되어 오늘날 현화식물의 엄청난 다양성을 빚어냈다.

벌새는 열대 서식지에서 중요한 꽃가루 매개자이며, 길고 가는 부리가 쏙 들어갈 수 있는 길게 굽은 나팔 모양의 꽃에서 꿀을 빨아먹는다. 벌새는 색각이 뛰어나서 빛 스펙트럼의 근자외선까지 볼 수 있는 반면, 후각은 상대적으로 약하다. 그래서 벌새를 유혹하는 꽃들의 상당수는 상대적으로 향기가 없는 대신에 남아메리카에서 자라는 산호나무(coral tree)와 용설란의 강렬한 꽃처럼 빨간색, 주황색, 선명한 분홍색 꽃잎으로 벌새의 시각에 호소한다. 날아다니는 곤충 중에는 스펙트럼의 붉은색 쪽을 보지 못해서 이런 붉은 꽃을 그냥 지나치는 종들이 많으며, 그 결과 벌새와 꽃 사이에는 긴밀한 동반자 관계가 형성된다. 미국 애리조나의 이포모프시스 아그레가타(*Ipomopsis aggregata*) 같은 종은 계절에 따라 꽃잎의 색깔을 바꿈으로써 시기마다 달라지는 꽃가루 매개자들을 불러들일 수 있다. 7월 중순에는 벌새를 유혹하기 위해서 짙은 붉은색의 꽃을 피우지만, 벌새들이 이주하기 시작하는 8월이 되면 꽃의 색깔이 붉은색에서 분홍색을 거쳐 흰색으로 바뀜으로써 벌새가 떠난 뒤에도 남아 있는 박각시나방의 일종인 힐레스 리네아타(*Hyles lineata*)를 꾀어들인다.

나방은 밤에 꽃을 피우는 많은 식물 종들에 대단히 중요한 꽃가루 매개자이다. 밤에 꽃을 피우는 많은 선인장들이 그런 식물에 속한다. 이 선인장들은 어둠 속에서 나방이 자신을 찾아오도록 돕기 위해서 강한 냄새를 풍기기도 한다. 이 종들 중에는 달빛을 잘 반사하도록 꽃잎이 크고 흰색이나 크림색인 것들도 많다. 그런 꽃은 사막 경관에서 눈에 확 띈다. 옥덩굴(*Strongylodon macrobotrys*)처럼 필리핀의 열대림에서 밤에 꽃을 피우는 몇몇 식물들은 꽃잎이 창백한 녹색을 띤다. 이 꽃은 달빛 아래에서 빛을 발하며, 그러면 그들의 꽃가루를 옮기는 박쥐의 눈에 더 잘 띄는 듯하다. 딱정벌레는 상대적으로 색각이 좋지 않으므로, 덜 화려하고 녹색이나 회백색을 띠면서 주로 강한 냄새로 이들을 유혹하는 꽃의 꽃가루를 옮긴다. 반대로 나비는 후각은 약하지만 붉은색과 주황색을 띤 화려한 꽃에 끌리는 경향이 있다.

사람의 눈은 전체 전자기 스펙트럼 중에서 극히 일부 영역만을 감지하며, 파장이 약 390-750나노미터인 이 영역('가시 스펙트럼')의 빛을 여러 가지 색깔로 지각하는 반면, 그 너머의 무수한 파장들은 보지 못한다. 그 결과 우리는 식물이 색깔과 무늬를 이용하여 보내는 시각적 메시지를 이 좁은 영역 내에서만 감지할 수 있다. 그러나 가장 중요한 꽃가루 매개자 집단인 벌은 색깔 감지체계가 우리와 전혀 다르며, 그래서 가시광선뿐 아니라 자외선 파장도 볼 수 있다. 우리 눈에는

(a) 루드베키아 : 가시광선
사람의 눈에는 꽃잎이 온통 노란색으로 보인다.

(b) 루드베키아 : 자외선
꽃잎은 자외선에서는 두 가지 색깔을 띤다.

(c) 디기탈리스 : 가시광선
흰색 꽃잎에 보라색 반점이 나 있다.

(d) 디기탈리스 : 자외선
중앙을 향해 활주로가 뻗어 있는 듯 보인다.

보이지 않지만, 일부 꽃들은 자외선 파장의 반사율을 이용하여 전혀 다른 수준의 의사소통을 한다. 인간이 이 점을 알아차린 것은 비교적 최근의 일이다. 꽃의 의사소통 중 많은 부분은 사실 인간의 지각 범위 너머에서 일어나며, 따라서 우리 눈에는 보이지 않는다.

곤충이 자외선을 볼 수 있음을 발견한 것은 한 세기 전에 개미를 대상으로 연구를 하면서였다. 그로부터 수십 년 뒤인 1924년에 독일의 과학자 알프레트 쿤은 빛의 파장을 다르게 하면서 벌이 꽃을 알아볼 수 있도록 훈련시키는 실험을 하다가 벌도 자외선을 볼 수 있다는 사실을 알아차렸다. 그 뒤로 식물이 벌을 꽃으로 꾀어들이기 위해서 벌의 자외선 지각 능력을 어떤 식으로 이용하는지를 밝혀내고자 아주 많은 연구들이 이루어졌고, 지난 50년 동안 카메라 기술이 발전한 덕분에 과학자들과 사진사들은 현재 이 숨겨진 자외선 무늬를 사진으로 찍을 수 있게 되었다. 이 사진들은 벌이 세계를 보는 방식과 가장 흡사한 수준으로 시각화한 것이며, 꽃이 이런 유형의 꽃가루 매개자들을 꾀는 데에 쓰는 기존에 알려지지 않았던 다양한 메커니즘들을 드러낸다. 꽃들 중 약 7퍼센트는 자외선을 볼 수 있는 동물에게만 보이는 무늬가 있다는 사실이 드러났으며, 그들 중에는 커다란 꽃이 많았다. 우리 인간의 눈에는 연분홍 꽃에 중앙을 향해 분홍색 줄들이 뻗어 있는 듯이 보이는 게라니움 클라르케이(*Geranium clarkei*)는 놀라운 사례이다. 자외선 반사율이 포함되도록 영상을 겹치면, 벌이 꽃을 어떤 식으로 보는지가 드러난다. 중앙의 선명하게 빛나는 꿀 주위의 꽃가루 쪽으로 꽃가루 매개자를 인도하는 활주로 같은 검은 줄들이 나 있는 짙은 보라색의 꽃으로 보인다. 이 활주로 같은 무늬는 벌을 식물의 꿀 쪽으로 인도한다. 디기탈리스(*Digitalis purpurea*)의 꽃은 더욱 두드러진다. 이 꽃은 가시광선 아래에서 보면, 꽃의 목 쪽으로 향하는 보라색 반점들이 나 있는 커다란 흰 나팔 모양이다. 자외선을 보지 못하는 꽃가루 매개자도 끌어들일 만한 메커니즘처럼 보인다. 하지만 자외선에서 보면, 꽃은 다른 모습이 된다. 꽃잎은 선명한 보라색으로 빛나고 반점들은 거의 사라진다. 대신에 두 줄기의 밝은 흰 띠가 꽃의 목 안으로 깊숙이 뻗어 있다. 벌을 꽃으로 끌어들이는 또 하나의 널리 알려진 자외선 무늬는 북아메리카에서 사는 원추천인국의 일종인 루드베키아 풀기다(*Rudbeckia fulgida*)에서 잘 나타난다. 이 꽃은 사람의 눈에는 1미터 길이의 뻣뻣한 꽃대 위에 곤충의 착륙

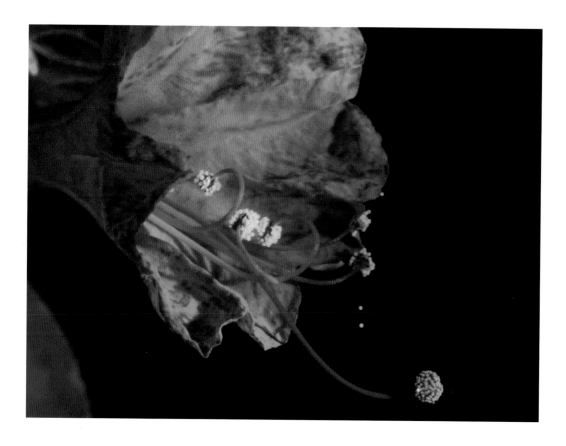

장 역할을 하는 선명한 노란 꽃잎들이 별 모양으로 뻗은 모
습으로 보인다. 그러나 자외선 반사 패턴을 적용하면, 노란
꽃잎에서 절묘한 무늬가 드러난다. 가시광선에서는 온통 노
란색으로 보이던 꽃잎들이, 자외선에서는 전혀 다른 두 가지

세포로 이루어진 듯이 보인다. 꽃의 중심에 가까운 세포들은 자외선을 흡수하고,
꽃잎 끝자락 쪽의 세포들은 자외선을 반사한다. 꽃잎에서 자외선을 흡수하는 것
은 플라보노이드(flavonoid)라는 색소이다. 이 때문에 전체적으로 꽃의 바깥쪽은
노란색을 그대로 간직한 반면, 안쪽은 새까맣게 보임으로써 꽃은 두 가지 색깔을
띠게 된다. 먹이를 더 수월하게 찾을 수 있도록 하려는 듯, 커다란 검은 과녁처럼
보인다.

21세기에 들어서서 연구자들은 벌이 먹이를 찾아 돌아다니는 과정을 더 잘 이
해하고자 행동학적 연구를 진행하고 있다. 지금 우리는 벌이 모양이나 대상을
'보는' 것이 아니라 매개변수를 파악하고 장소를 인지하며, 300도에 이르는 시야

를 활용하여 몇 가지 단서만으로 삼각측량을 함으로써 먹이의 위치를 찾아낸다는 사실을 알고 있다. 우리가 주변의 꽃에서 보는 패턴들은 그런 지각에 관여하는 쪽으로 진화해왔고, 식물과 꽃가루 매개자를 더 깊이 이해할수록 우리는 그들 사이에 형성된 복잡한 관계를 점점 더 상세하게 파악할 수 있다. 루드베키아 꽃잎의 노란색과 검은색은 벌이 식물의 색깔 신호에 어떻게 반응하는지를 더 깊이 이해하는 데에 유용한 단서를 제공한다. 색깔 사이의 대비가 중요한 역할을 한다는 것을 말해주기 때문이다. 식물의 꽃 이외의 부위들을 벌이 어떤 식으로 보는지, 아니 보지 못하는지를 생각할 때, 이 색깔 대비는 더욱 중요한 듯하다. 식물의 녹색 부분은 광합성을 하려면 햇빛을 흡수해야 하므로, 잎과 줄기에 닿는 자외선도 플라보노이드와 엽록소 같은 색소들을 통해서 상당수가 흡수된다. 그 결과 스펙트럼의 자외선 영역을 주로 보는 동물에게는 녹색식물이 거의 검은색으로 보인다. 식물체 전체는 검은 배경 역할을 하여 꽃의 자외선을 반사하는 부위를 더욱 돋보이게 하는 효과를 일으킨다. 즉 자외선을 반사하는 부위는 특정한 꽃가루 매개자들에게 더 뚜렷하게 보인다. 하지만 식물이 반드시 상호 이익이 되는 방향으로 곤충의 자외선 시각을 이용하는 것은 아니며, 일부 식충식물은 자외선 발광으로 곤충을 꾄다고 알려져 있다. 긴잎끈끈이주걱(*Drosera anglica*)이 바로 그런 종에 속한다. 이 종은 녹색 잎에서 끈적거리는 투명한 점액질 방울을 만든다. 자외선 시각을 가진 곤충에게는 이 잎이 선홍색을 띠고 끝에 빛나는 액체 방울이 달린 듯이 보인다. 이 방울에 홀려서 내려앉은 곤충은 붙들려서 서서히 소화된다.

해바라기와 마로니에 같은 종들의 꽃에 난 자외선 무늬는 시간이 흐르면서 서서히 변한다. 이런 변화를 읽어내는 곤충에게, 선명한 자외선 무늬는 꽃에 꿀이 많음을 시사하는 반면, 흐릿한 자외선 무늬는 꽃가루받이가 이미 이루어졌고 더 이상 먹이가 없다는 의미로 받아들여질 수 있다. 식물이 전달하는 메시지의 시기가 특히 중요할 때가 또 한 번 있는데, 바로 씨를 퍼뜨릴 동물을 열매로 꾀어들일 때이다. 열매는 인간에게는 맛 좋은 음식이지만, 열매의 주된 기능은 잘 익은 씨를 굶주린 과식동물(果食動物, frugivore)을 통해서 퍼뜨리는 것이다. 식물 종이 생존하려면 씨를 제대로 퍼뜨리는 것이 대단히 중요하므로, 열매는 진화의 역사 내내 높은 수준의 선택압(選擇壓)에 노출되었으며, 그 결과 모양, 맛, 겉모습이 놀라우리만치 다양해졌다. 꽃이 꿀을 보상으로 제공함으로써 꽃가루 매개자를 끌어들이는 것과 마찬가지로, 식물은 영양가 있는 과육으로 씨를 감쌈으로써 씨를 퍼뜨릴 동물을 끌어들인다. 동물은 이 달콤한 과육을 먹고, 그 안에 든 씨를 서식지 전역으로 퍼뜨리며, 씨는 새로운 장소에서 싹이 튼다. 열매는 익기 전에는 눈에 잘 띄지 않고 맛이 없을 때가 많다. 라즈베리의 열매는 처음에는 녹색이고 맛이 쓰다. 이 단계에서는 열매 안의 씨가 발아할 수 있을 만큼 발달한 상태가 아니므로, 열매를 즐겨 먹는 새가 이 씨를 먹어치운다면, 식물은 생존에 불리할 것이기 때문이다. 그러나 라즈베리의 씨가 익어감에 따라 씨를 둘러싼 과육은 당분으로 채워지기 시작하며, 당분과 함께 안토시아닌이라는 색소도 열매에 들어찬다. 열매는 익으면서 색깔이 변하며, 그와 더불어 동물은 기나긴 세월을 거치면서 이 색깔 변화가, 열매가 지금 영양가가 많고 먹기에 좋다는 신호임을 간파하도록 진화했다.

위 **선명한 열매**
안투리움 플로우마니(*Anthurium plowmanii*)의 선명한 붉은 장과를 먹은 새들은 씨가 섞인 배설물을 통해서 씨를 퍼뜨린다.

우리가 오늘날 식물 세계에서 보는 열매들 대부분은 씨를 퍼뜨리는 동물들이 오랜 세월에 걸쳐 선호해온 가장 영양가가 높고 이로운 것들이다. 종자식물의 진화과정에서 출현한 새로운 형태의 열매가 맛이 없어서 동물들이 잘 먹지 않았다면, 그 씨는 그다지 잘 퍼지지 못했을 것이다. 열매의 색깔과 구조는 보상의 질을 알려주고, 가장 맛을 잘 구분하는 동물의 주의를 사로잡도록 진화해왔다. 과일을 먹는 새인 붉은날개지빠귀는 이런 맛 구분을 잘한다. 이 새는 아이슬란드의 서식지에서 색깔이 더 짙은 야생 열매를 골라 먹는다. 짙은 색의 열매가 항산화 성분의 함량이 가장 높다. 그래서 그들은 연한 색깔보다 짙은 색깔의 열매를 더 즐겨 먹는다. 이 사례들 중 상당수는 동식물 사이에 유익한 교환이 이루어짐으로써 주는 자와 받는 자 모두에게 도움이 되는 관계이다. 이것은 식물이 동물 조력자의 협력을 확보하는 중요한 전략이다. 그러나 식물의 입장에서는 보상을 주지 않으면서도 꽃가루 매개자나 씨 산포자를 속여서 도움을 받을 수 있다면 자원을 절약할 수 있을 것이다. 식물이 그런 기만행위를 할 수 있을지 여부를 놓고 과학자들은 한 세기가 넘게 논쟁을 벌여왔다. 찰스 다윈은 식물이 그렇게 할 수 있다고는 믿기 어려웠다. 그는 1862년 난초의 꽃가루받이를 다룬 책에 이렇게 썼다. "그런 체계적인 기만이 이루어진다고 믿는 사람은……다양한 종류의 곤충들, 심지어 벌에게조차도 아주 낮은 수준의 감각 또는 본능적인 지식이 있다는 것을 받아들여야 한다." 그러나 다윈은 꿀을 제공하지 않으면서도 꽃가루 매개자를 계속 꾀는 듯이 보이는 몇몇 영국 난초들을 설명할 다른 이론을 내놓을 수가 없었다. 그는 23일 동안 꽃에 꿀의 흔적이 조금이라도 있는지 검사했다. 비가 내린 뒤, 햇빛에 노출된 뒤, 밤에도 살펴보고, 심지어 해부를 해도 꿀은 한 방울도 발견할 수 없었다. 이 장의 앞부분에서 살펴보았듯이, 다윈의 시대 이후로 식물이 꽃가루 매개자와 씨 산포자를 얼마나 잘 속일 수 있는지를 밝힌 연구가 전 세계에서 무수히 이루어졌다.

식물 세계에서 진화한 속임수들은 그 외에도 많다. 일부 식물에서는 동물을 속여서 영양가가 없는 씨를 퍼뜨리도록 하는 능력이 진화했다. 인도 열대우림에 사는 해홍두(Adenanthera pavonina)가 대표적이다. 이 식물의 나선형 꼬투리는 익으면 벌어져서 선홍색의 씨가 드러난다. 이 장과는 사실 양분이 거의 없으며, 과육이 있는 다른 씨를 모방한 것에 불과하다. 그럼으로써 이 식물은 씨에 양분을 집어넣는 데에 필요한 많은 에너지를 아끼면서도 씨 산포(散布) 서비스의 혜택을 누릴 수 있다.

식물은 속임수를 써서 동물이 꽃과 열매를 찾아 들르도록 할 뿐만 아니라, 동물이 접근하지 못하게 할 수도 있다. 독성이 아주 강한 종처럼 보이는 식물도 있고, 잎이 병들고 손상된 것처럼 보이는 종도 있다. 이렇게 위장함으로써 식물은 초식동물에게 먹힐 가능성을 줄이며, 따라서 자신의 생존 가능성을 높인다. 그러나 식물이 자신에 관한 거짓 정보를 어느 동물에게 전달하는 데에 성공하려면, 모사하려는 식물이나 생물이 이미 그 동물과 어떤 관계를 맺고 있어야 한다. 그래야만 다른 종이 그 연관성을 이용하는 쪽으로 진화할 수 있다. 이 원리를 이용하여 무해한 꽃등에는 노란색과 검은색의 줄무늬를 띰으로써 해로운 말벌을 모방하도록 진화할 수 있었다. 관목의 다육질 줄기를 먹는 작은 포유동물은 줄기에 진딧물이나 개미가 우글거리면 그 식물을 피할 것이다. 그래서 소수의 식물들은 검은 얼룩과 반점으로 뒤덮인 모습을 띠는 쪽으로 진화했다. 이들

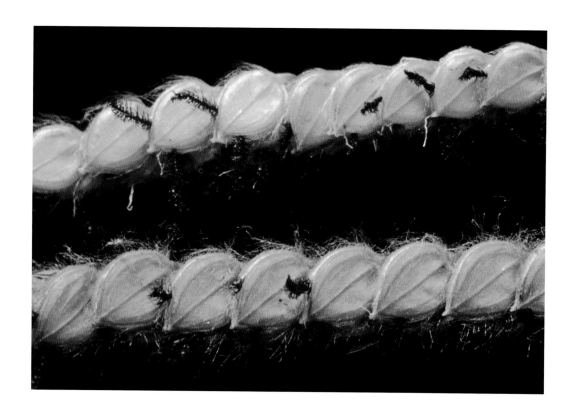

을 자세히 관찰해도 곤충으로 뒤덮인 듯 보인다. 아마 가장
설득력 있는 사례 중 하나는 유럽의 볏과 식물인 물참새피
(*Paspalum distichum*)일 것이다. 이 종의 꽃에는 몇 밀리미터
길이의 검은 구조물이 매달려 있는데, 이것을 본 동물은 아
무리 예리한 눈을 가졌다고 해도 검은 진딧물로 뒤덮여 있다

고 속게 된다. 곤충들에게 먹혀서 훼손된 것처럼 보이도록 위장하는 식물들도 있
다. 수많은 식물 종에서 볼 수 있는 흰색과 녹색의 얼룩덜룩한 잎은 곤충에게 피
해를 입어서 맛이 없어 보이게 하는 역할을 한다고 알려져 있지만, 특정한 곤충
에게 입은 피해를 모방한 듯한 무늬가 있는 몇몇 극단적인 사례들도 있다. 에콰
도르 남부에서 연구 중이던 과학자들은 칼라디움 스테우드네리폴리움(*Caladium
steudneriifolium*)의 몇몇 잎에는 나방 애벌레가 갉아먹은 흔적과 비슷한 흰 무늬
가 있으며, 그 결과 이 잎은 근처에서 자라는 같은 종의 녹색 잎보다 초식동물에
게 훨씬 덜 먹힌다는 사실을 밝혀냈다.

6
식물과
동물

"동물들이 증가하고 진화함에 따라,
식물도 적응과 분화를 거쳐
더 다양성이 커진다."

　기나긴 세월에 걸친 진화의 과정에서 동물은 식물과 중요한 관계를 맺어왔으며, 그 결과 식물과 동물 종들 사이에는—그리고 이루 헤아릴 수 없이 많은 균류와 미생물 사이에는—생존을 위해서 상호 의존하는 그물이 형성되었다. 지구 생물권의 모든 서식지에서 동물들은 식물을 먹이와 보금자리로 이용하는 방법들을 찾아냈으며, 그 대가로 식물은 다양한 동물들을 꽃가루를 옮기고 씨를 퍼뜨리는 데만이 아니라 보호를 받고 양분을 얻는 데에도 이용하도록 진화했다. 식물과 동물 사이의 이 공진화(共進化, coevolution) 관계는 주어진 환경에서 생존할 수 있는 더 폭넓은 종 공동체를 규정하며, 어느 종이 적응하고 변화하고, 어느 종이 멸종할지에 영향을 미침으로써 우리 행성에서 생명의 진화 경로를 설정하는 데에 기여했다. 더 중요한 점은 식물과 동물의 관계 연구가 우리에게 건강하고 안정적인 환견을 보전하려면 생물 다양성—동물과 식물, 그들의 유전자, 그들이 형성하는 군집의 전체—을 유지해야 한다고 말해준다는 것이다.
　19세기에 초기 환경보호론자들이 출현한 이래로 세계의 야생 서식지를 형성하고 유지하는 데에 무수한 동식물들의 상호작용이 중요하다는 사실이 상세히 밝혀졌다. 스코틀랜드 태생의 미국 자연사학자인 존 뮤어는 그런 환경보호론자들 중 한 명이었다. 그는 미국의 야생 지역을 보전해야 한다는 주장을 펼친 최초의 인물에 속했다. 작가인 윌리엄 앤더슨이 "지구와 우리가 하나임을 보여주는 원형"이라고 찬사를 보낸 바 있는 뮤어는 자연환경에서 모든 동식물들이 본래 서로 얽혀 있다는 점을 강조한 최초의 인물이기도 하다. 1911년 그는 자연 세계를 표현한 유명한 문장을 썼다. "우리가 무엇인가를 하나 집어내려고 하면, 우주의 모든 것들이 딸려온다." 그러나 뮤어가 자연에서 인간이 어떤 위치에 있는지를 고찰함으로써 미국인들의 주의를 환기시키기 오래 전에, 이미 전 세계의 토착 문화들은 식물과 동물 사이의 균형을 유지하는 것이 근본적으로 중요하다는 점을 이해하고 있었다. 오늘날도 아프리카 사하라 이남의 사막, 아시아의 우림, 남아메리카의 정글 등지에서는 자신들이 사는 지역의 자연을 영적인 관점에서 바라보는 사람들을 여전히 만날 수 있다. 이 사회들은 자신들이 의지하는 생태계 서비스와 천연자원을 유지함으로써 기나긴 세월 동안 주변의 동식물들과 균형을 이루면서 살아왔다. 이 토착 집단 중 상당수는 다양성을 증진시키는 방향으로 환경을 조성하기도 했다. 캘리포니아 대분지에서 사는 누믹어를 사용하는 부족들이 그러했다. 그들은 잣을 수확할 때는 가지를 휙 잡아당겨서 가지 끝을 꺾으면서 따라고 배웠다. 시간이 흐르면 나무는 더 무성하게 자라나서 더 큰 생물 다양성을 지탱하게 된다. 멕시코의 오악사카 같은 황폐해진 경관에서는 몇몇 토착 사회의 활동이 생물 다양성의 회복에 기여했다. 지역 삼림지대에서 이루어지는 미미한 수준의 경작은 경관을 재생하고 더 많은 동식물들이 그 환경에 정착하도록 돕는다.

다양한 생물이 사는 서식지를 구성하는 동물과 식물 사이에는 온갖 유형의 관계가 진화한다. 한 식물이나 동물은 한 가지 목적을 위해서 다양한 종들을 무차별적으로 이용할 수도 있다. 개미는 다양한 잎들을 이용하여 집을 짓고, 영장류는 숲 바닥에 있는 포식자로부터 달아나려고 온갖 나무들의 가지를 붙잡고 건너다니며, 새는 다양한 식물의 크고 작은 가지를 모아서 둥지를 짓는다. 이런 관계로부터 혜택을 얻는 동식물 하나하나는 다른 종과의 경쟁에서 밀릴 수도 있으며, 그러면 다른 비슷한 관계가 대신 형성될 것이다. 이런 느슨한 관계들 외에도, 생존하려면 다른 종이 반드시 필요한 관계도 무수히 많다. 이런 형태의 일방적인 관계를 편리공생(片利共生)이라고 한다. 일부 식물은 동물의 털이나 깃털에 무임 승차하여 씨를 퍼뜨리는데, 도꼬마리속(*Xanthium*)의 벨꼬로(velcro)처럼 달라붙

는 씨가 대표적인 사례이다. 이 씨는 갈고리처럼 생긴 구조물을 이용하여 새나 포유동물에 달라붙어서 모체로부터 멀리 퍼진다. 씨를 운반하는 동물은 피해를 보지도 혜택을 얻지도 않는다.

그러나 동식물 세계에 존재하는 관계의 대부분은 더 높은 수준의 상호 교환 체계를 갖추었으며, 그럼으로써 쌍방이 다 혜택을 누린다. 이 상리공생(相利共生) 관계는 기나긴 세월에 걸쳐 진화해왔다.

제5장에서 살펴보았듯이, 꽃가루받이는 식물과 동물 사이에 발달한 상리공생 관계의 가장 두드러진 형태에 속한다. 꿀주머니가 긴 난초를 수정시키는 주둥이가 긴 나방이나 벌을 시각적으로 꾀는 화려한 꽃의 사례에서처럼, 이 상호 이익을 주는 관계는 시간이 흐르면서 해당 종들의 체형을 자연스럽게 변화시킨다. 뒤영벌속(*Bombus*)의 벌들은 진화한 적응형질 덕분에 지구에서 가장 뛰어난 꽃가루 매개자에 속한다. 그들은 자기 몸무게의 90퍼센트에 달하는 꽃가루를 묻힌 채 동이 틀 때부터 해가 질 때까지 지친 기색 없이 꽃 사이를 날아다닌다. 이 정도의 꽃가루를 운반하려면 뒤영벌은 몸 둘레가 커야 하며, 그 결과 많은 꽃들은 찾아오는 뒤영벌을 받아들이기 위해서 유달리 튼튼해지는 방향으로 진화했다. 마다가스카르 섬에 사는 멋진 흑백목도리여우원숭이(*Varecia variegata*)

벌은 온몸이 털로 뒤덮여 있어서 꽃가루가 정전기를 통해서 달라붙어 옮겨질 수 있다.

는 극락조화과(Strelitziaceae)에 속하는 여인목(*Ravenala madagascariensis*)이라는 종의 주된 꽃가루 매개자이다. 이 종은 야자수 잎 같은 노처럼 생긴 거대한 잎을 가지고 있으며, 잎자루들이 모여 나는 기부(基部)의 오목한 곳에 빗물을 저장할 수 있다. 마다가스카르의 동쪽을 따라 자리한 저지대와 중산간지대의 우림에서, 여우원숭이는 높이가 15미터에 달하는 여인목의 줄기를 타고 올라가서 꽃을 찾는다. 여우원숭이는 솜씨 좋게 손으로 꽃잎을 벌린 뒤, 뾰족한 주둥이를 밀어넣고 긴 혀로 달콤한 꿀을 핥아먹는다. 그때 털이 수북한 얼굴은 꽃가루로 뒤덮이며, 그들은 그렇게 얼굴에 꽃가루를 묻힌 채 이꽃 저꽃으로 돌아다닌다. 그러면서 꽃들은 꽃가루받이가 된다. 따라서 여우원숭이는 여인목의 후손이 자랄 수 있도록 돕고, 여인목의 후손은 여우원숭이의 후손에게 먹이를 제공할 것이다. 흑백목도리여우원숭이는 몸무게가 3-4.5킬로그램으로, 세계에서 가장 큰 꽃가루 매개자이다. 마다가스카르에서 사는 다른 동물에게는 여인목의 꽃을 벌려서 꽃가루를 옮길 만한 힘도 솜씨도 없다. 그러나 인간이 목재 확보와 경작을 위해서 숲을 파괴하면서 여우원숭이들은 집뿐 아니라 먹이 공급원도 잃었으며, 그 결과 여인목과 여우원숭이 모두 생존이 위협받고 있다.

오스트레일리아 남서부 해안의 관목으로 뒤덮인 모래 평원에도 자신이 꽃가루를 옮기는 식물과 중요한 관계를 맺고 있는 꿀주머니쥐(*Tarsipes rostratus*)라는 작은 포유동물이 산다. 꿀주머니쥐(honey possum)라는 이름은 오해의 소지가 있는데, 이 동물은 주머니쥣과에 속하지 않기 때문이다. 꿀주머니쥐는 꿀주머니쥣과 (Tarsipedidae)라는 고대 유대류(有袋類, Marsupialia) 집단의 마지막 생존자이다. 오스트레일리아 원주민의 언어

위 **방크시아**

원뿔 모양의 이 꽃은 다양한 동물들에게 먹이를 제공한다.

로는 눌뱅거(noolbenger)라고 하며, 주둥이가 뾰족하고 혀가 긴 쥐처럼 생긴 유대류이다. 오로지 꿀만을 먹고 살아가는 극소수의 포유류 중 하나이다. 1970년대 이래로 꿀주머니쥐가 식물 세계와 어떤 관계를 맺고 있는지 집중적인 연구가 이루어졌지만, 아직도 제대로 이해되지 않은 부분이 많다. 이 동물에게 꿀을 제공하는 것은 주로 방크시아속(*Banksia*)의 꽃인 듯하다. 큐에 있는 왕립 식물원의 비공식적인 초대 원장이었던 조지프 뱅크스 경의 이름을 딴 이 식물은 1770년 쿡 선장이 첫 항해를 하는 동안에 처음 발견되었다. 이 식물의 꽃은 국화과인 아티초크의 두상화와 비슷하게 원통형으로 배열된 꽃차례에 빽빽하게 달림으로써, 꽃이 필 때면 꿀로 가득한 만찬장이 된다. 눌뱅거는 끝이 억센 털로 뒤덮여서 마치 솔처럼 변한 혀를 이용하여 이 꽃 한송이 한송이에서 꿀을 핥아먹을 수 있다. 이 유대류는 몸무게가 10그램에 불과하므로, 방크시아에서 모으는 꿀만으로도 충분히 먹고살 수 있다. 어느 시점에서든 그들이 사는 서식지에서 이 식물 중 적어도 한 개체가 꽃을 피우고 있는 한, 그들의 개체 수는 안정적인 상태를 유지할 것이다. 그러나 몸집이 작다는 것은 잠시라도 먹이 공급량이 줄어들면 집단이 멸

이전 **악마의 발톱**(devil's claw)
이 종의 꼬투리는 지나가는 동물
의 다리에 달라붙도록 적응되어
있다.

종 위기에 처할 수 있다는 의미이기도 하다. 그들은 먹이 공급원을 과일이나 곤충 같은 것으로 대체할 수가 없다.

꿀주머니쥐는 방크시아의 꽃가루를 주둥이, 콧수염, 털에 묻힌 채 돌아다닌다. 그러나 방크시아를 찾는 꽃가루 매개자는 꿀주머니쥐만이 아니다. 제왕오색앵무(purple-crowned lorikeet)와 꿀빨이새처럼 꿀을 먹는 작은 새, 다양한 곤충과 작은 포유동물도 이 꽃을 찾는다. 따라서 눌벵거는 꿀을 만드는 방크시아 없이는 살아남을 수 없지만, 눌벵거가 이 식물에 반드시 필요한 꽃가루 매개자인지 여부는 알지 못한다.

한 서식지에서 동물 개체군의 크기는 예기치 않게 요동칠 수 있으므로, 한 식물의 주된 꽃가루 매개자도 시간이 흐르면 바뀔 수 있다. 수십만 년 동안 특정한 새나 벌의 종과 함께 진화한 식물은 서식지가 사라지거나 그 종이 다른 동물과 경쟁하여 사라지면 갑자기 꽃가루 매개자를 잃을 수도 있다. 그런 뒤에 곧 포유류에서 나방에 이르기까지 다양한 동물들 중에서 누군가가 꽃가루 매개자로 등장할 수도 있다. 온대 기후에서는 도마뱀이 먹이를 얻기 위해서 꽃을 찾는 사례가 거의 없지만, 인도양의 모리셔스 섬에서는 기이한 일련의 사건이 벌어짐으로써 도마뱀붙이가 한 열대 나무의 핵심적인 꽃가루 매개자 역할을 하게 되었다. 이 나무는 트로케티아 블라크부르니아나(*Trochetia blackburniana*)로서 멸종 위기에 처한 식물이다. 이 나무의 꽃가루는 본래 모리셔스동박새(*Zosterops chloronothos*)라는 꿀을 빨아먹는 새가 옮겼다. 그러나 섬에 도입된 동물들이 이 새들을 잡아먹는 바람에, 새의 개체 수는 1970년대에 약 350쌍에서 지금은 190쌍으로 줄어든 상태이다. 이들의 서식지는 60제곱킬로미터가 겨우 넘는다. 이 멸종 위기 식물을 연구하던 스위스 취리히 대학교의 연구자들은 다양한 곤충들이 꿀을 빨아먹기 위해서 이 붉은 꽃을 찾는 것을 관찰했다. 그러면서 곤충들이 새가 더 이상 제공하지 못하는 꽃가루받이 서비스를 대신할 수 있지 않을까 하는 희망도 생겼다. 그러나 더 자세히 조사해보니, 이 곤충들이 옮기는 꽃가루의 양은 미미했다. 따라서 곤충은 이 나무의 생명줄이 될 수 없었다. 그러던 중 연구진은 화려한 녹색과 푸른색을 띤 도마뱀붙이 종이 이따금 이 꽃을 찾아와서 꿀을 핥아먹는 것을 보았다. 꿀을 핥아먹을 때 도마뱀붙이의 가슴, 목, 머리는 꽃가루로

뒤덮이곤 했다. 그러나 이 도마뱀붙이는 나뭇가지를 기어오
르다가 모리셔스황조롱이(*Falco punctatus*)에게 들켜서 잡아
먹히곤 하기 때문에, 꽃을 찾아가기를 꺼리는 듯이 보였다.
그러던 중에 잎이 야자수처럼 생긴 판다누스(*Pandanus*)의 빽
빽한 덤불 사이에서 자라는 트로케티아 집단이 발견되었다.
판다누스 덤불은 도마뱀붙이가 많이 살아갈 수 있는 미소 서식지(microhabitat)
를 제공했다. 삐죽삐죽하게 격자처럼 뒤덮인 판다누스의 잎 덕분에 황조롱이의

위 **도마뱀 손님**

푸른꼬리도마뱀붙이(*Phelsuma cepediana*)는 멸종 위기종인 로세아 심플렉스(*Roussea simplex*)의 꽃가루와 씨를 옮긴다.

날카로운 눈을 피할 수 있었기 때문에, 도마뱀붙이들은 자유롭게 정기적으로 트로케티아의 꽃을 찾곤 했다. 연구진은 이 두 식물이 공존함으로써 도마뱀붙이가 그 꽃의 꿀을 핥아먹고 꽃가루를 이리저리 옮길 수 있는 완벽한 서식지를 제공한다는 것을 알았다. 이 도마뱀붙이는 궁극적으로 트로케티아를 멸종 위기에서 구하는 데에 도움을 줄 수 있을 것이다.

파충류는 전 세계의 수많은 식물 종들과 중요한 관계를 맺고 있으며, 이 관계들의 95퍼센트는 섬이라는 서식지에서 나타난다. 서식지 상실이나 인구 압력 때문에 꽃가루 매개자인 곤충과 새의 수가 줄어들고 있는 고립된 섬 환경 중 많은 곳에서는 꽃을 찾는 도마뱀이 많은 식물 종의 생존에 핵심적인 역할을 할 수도 있을 것이다. 브라질 해안의 페르난두 데 노로냐 군도에서는 노로냐도마뱀 (Trachylepis atlantica)이라는 몸길이가 10센티미터에 이르는 검은 반점이 있는 도마뱀이 물룽구나무(mulungu tree, Erythrina velutina)의 꿀을 핥아먹고 꽃가루를 옮긴다. 이 나무의 껍질과 잎은 수백 년 동안 강력한 진정제로 사용되었으며, 오늘날에도 세계적으로 가장 널리 쓰이는 천연 진정제 중 하나이다. 건기에 이 나무가 꽃을 피우면, 수분을 머금고 있는 꽃은 도마뱀에게 생존에 중요한 요소인 신선한 물도 제공한다. 뉴질랜드에서는 호플로닥틸루스속(Hoplodactylus)의 도마뱀붙이가 많은 자생식물의 중요한 꽃가루 매개자 역할을 하며, 남섬에 사는 뉴질랜드크리스마스트리(Metrosideros excelsa)의 꽃가루도 무려 50종이나 되는 도마뱀붙이들이 옮긴다고 한다. 꽃가루 매개자로서 도마뱀들의 역할은 오랜 세월 과소평가되었으며, 그들이 씨 산포자로서 중요한 역할을 한다는 점도 그러했다. 그들이 주로 육식을 하기 때문이다. 그러나 본토에 비해서 포식률이 상대적으로 낮은 섬에서 도마뱀이 높은 개체 밀도를 유지할 수 있다는 것은 그들이 열매뿐 아니라 꿀과 꽃가루도 먹도록 식단을 조정할 수 있음을 의미한다.

식물은 생존하려면 멀리 떨어진 곳에 씨를 퍼뜨려야 하며, 이 목적을 이루기 위해서 다양한 방법을 개발해왔다. 산들바람에도 떠다닐 수 있도록 날개가 달린 씨를 만들거나, 물 위에 둥둥 떠서 흘러가는 부력을 가진 씨를 만들거나, 동물의 몸에 달라붙어서 이리저리 옮겨질 수 있는 구조물을 갖춘 씨를 만들기도 한다. 스위스 발명가 조르주 드 메

맞은편 **대왕각**
이 장엄한 사막 선인장은 생태계에서 중요한 역할을 하며, 이 식물의 꽃가루는 박쥐가 옮긴다.

스트랄은 자신의 개가 갈고리가 달린 우엉의 씨를 몸에 잔뜩 묻혀온 것을 보고 영감을 받아 벨크로를 발명했다. 이런 씨들의 달라붙는 성질은 씨를 퍼뜨리는 데에 효율적이며, 몸에 이런 씨들을 붙이고 다니던 동물이 자신도 모르게 몸을 비벼대거나 쓸어내림으로써 씨를 떨어내면, 그 씨는 새로운 장소에서 발아할 수 있다.

대부분의 식물은 꽃가루를 옮기고 씨를 퍼뜨리려면 다른 동물 종의 도움을 받아야 한다. 예를 들면, 아마존 우림에서 자라는 브라질너트나무(*Bertholletia excelsa*)의 씨는 땅에서 살아가는 아구티가 퍼뜨린다. 이 나무의 단단한 씨 꼬투리를 깰 수 있을 만큼 이빨이 강한 동물은 아구티밖에 없다. 이 식물의 꽃가루는 커다란 난초벌이 옮긴다. 그러나 몇몇 소수의 기둥선인장 종에서는 꽃가루를 옮기는 종과 씨를 퍼뜨리는 종이 같다. 아메리카 남서부의 사막에서 자라는 거대한 대왕각(*Stenocereus thurberi*)이 그런 종에 속한다. 이 선인장의 생존은 이주성 박쥐인 멕시코긴코박쥐(*Leptonycteris curasoae*)와 긴밀한 관련이 있다. 높이 8미터까지 자라는 대왕각은 지구에서 가장 큰 선인장에 속한다. 이 종의 서식지는 애리조나 남서부에서 멕시코 소노란 사막 서부까지이다. 느리게 성장하는 이 거대한 선인장은 150년까지 살 수 있으며, 오르간의 파이프와 비슷한 수직의 줄기 기둥들이 빽빽하게 모인 모습이다. 35년이 넘은 대왕각은 봄마다 긴 줄기의 꼭대기에서 작은 꽃봉오리를 내밀며, 이 꽃봉오리는 길이가 8센티미터에 이르는 솔방울 모양의 튼튼한 꽃으로 자란다. 강렬한 열기에 말라붙는 것을 피하기 위해서, 꽃은 해가 진 뒤에만 벌어진다. 꽃이 벌어지면 크림색의 꽃잎들 사이로 꽃가루가 가득한 꽃밥이 드러난다. 이 선인장의 꽃가루를 옮기는 박쥐는 눈에 명암만을 보는 막대세포가 주로 들어 있어서 색깔을 거의 식별하지 못한다. 따라서 선인장 꽃은 화려한 색깔을 과시할 필요가 전혀 없다. 그래서 박쥐가 꽃가루를 옮기는 식물 종들은 흰색, 녹색, 자홍색, 분홍색을 띠는 경향이 있다. 대왕각은 개화기에 최대 100개까지 꽃봉오리가 달리고, 많으면 하룻밤에 20개의 꽃이 벌어진다. 그 결과 넓은 지역에 걸쳐서 보면, 이 식물은 5-7월의 여러 주에 걸쳐 계속 꽃을 피우게 된다. 박쥐는 가까운 거리에 있을 때에는 흰 꽃잎에 반사되는 달빛을 이용하여 꽃의 위치를 찾아내지만, 후각이 잘 발달되어 있으므로 멀리서도 선인장을 향해 날아온다. 대왕각의 꽃은 톡 쏘는 듯한 사향 냄새를 풍긴다.

멕시코긴코박쥐는 극소수의 이주성 박쥐 종들 가운데 하나이므로 1년 내내 대왕각 주변에서 사는 것은 아니다. 이 박쥐는 겨울 서식지와 여름 서식지 사이를 오가며 연간 1,800킬로미터 이상을 이동한다. 북아메리카에서 이 박쥐 종은 세 집단으로 나뉘는데, 각자 별도의 이주 경로를 택한다. 이들 중 두 집단은 봄에 해안가나 낮은 산지의 서식지에서 새끼를 낳는 반면, 한 집단은 겨울에 새끼를 낳는다. 그러나 세 집단 모두 3개월에 걸쳐 드넓은 사막을 횡단하는 여행에 성공하려면, 대왕각의 연간 개화 및 결실 시기와 이주 일정이 완벽하게 들어맞아야 한다. 해마다 수십만 마리의 멕시코긴코박쥐가 해가 지자마자 따뜻한 동굴을 나와 선인장을 찾아 기나긴 이주에 나선다. 꽃이 핀 대왕각들이 무리지어 자라는 곳을 찾아내면, 그들은 꽃 위를 날면서 뾰족한 머리를 꽃 속으로 들이밀어서 솔처럼 생긴 긴 혀로 꿀을 핥아먹으며,

위 **보안 요원**
오부채선인장속의 이 종은 꿀로 개미를 끌어들이고, 이 개미는 다른 곤충이 오지 못하게 막아준다.

그 과정에서 꽃가루를 흠뻑 뒤집어쓴다. 그들은 매일 밤 5시간 동안 약 100킬로미터 거리를 돌아다니며 꽃의 꿀을 핥아먹으면서 이 엄청나게 먼 거리까지 꽃가루를 옮긴다. 이 박쥐들은 대사율이 아주 높기 때문에 장거리를 이동하려면 하룻밤에 꽃 80–100송이의 꿀을 먹어야 한다. 따라서 그들은 대왕각의 입장에서는 대단히 효율적인 꽃가루 매개자이다. 해가 뜨고 사막이 열기로 달아오를 무렵이면, 대왕각의 꽃은 말라붙지 않도록 닫히고 박쥐는 임시 거주지로 사라진다. 개화와 섭식의 이 주기는 여러 주에 걸쳐 매일 밤 되풀이되며, 이주가 끝날 무렵이면, 박쥐 한 마리는 임신한 암컷의 새끼를 부양하기에 충분한 꿀을 제공받은 보답으로 수천 송이의 꽃에 꽃가루를 옮길 것이다.

박쥐 암컷의 임신 기간은 6개월이며, 이 기간은 이주 시기와 얼마간 겹친다. 박쥐는 한 마리의 새끼를 낳으며, 새끼는 어미가 대왕각의 꿀을 먹고 분비하는 젖을 먹으면서 자라고 이주가 끝날 무렵에 어미의 휴식처에서 젖을 뗄 것이다. 박쥐가 갓 태어난 새끼를 돌보는 동안, 꽃가루받이에 성공한 선인장 꽃의 씨방은 부

풀어오르면서 가시로 뒤덮인 붉은 과육질의 열매로 자란다. 야구 공만 한 열매가 익을 무렵이면 열매를 보호하던 가시들은 떨어지고, 때맞추어 늦여름의 비가 내리면 열매는 벌어지면서 붉은 씨가 들어찬 과육이 모습을 드러낸다. 늦여름과 초가을에 박쥐가 새끼를 낳은 지역에서 먹이 자원의 양이 줄어들면, 새끼와 부모는 살아남기 위해서 다시 긴 거리를 이동하기 시작한다. 이 시기에는 대왕각의 달콤한 열매가 그들에게 이동에 필요한 양분을 제공한다. 박쥐들은 이주 경로를 따라가면서 열매를 먹고 넓은 영역에 걸쳐 씨를 배설하면서 퍼뜨린다. 이 씨들은 싹이 틀 것이고, 보호자 역할을 하는 주변의 식물이나 바위의 도움을 받아 다음 세대의 대왕각으로 자랄 것이다.

사막의 극단적인 온도와 황량한 경관을 보면 생명이 살 수 없는 환경이라는 인상을 받을지 모르지만, 사실 사막은 생물 다양성이 높은 지역이다. 물이 희귀한 메마른 사막 환경에서 사는 돼지처럼 생긴 페커리, 사막거북, 다양한 곤충에 이르기까지 모든 초식동물들은 사막 식물의 다육질 줄기를 물의 공급원으로 삼는다. 금적룡(*Ferocactus wislizeni*)은 물을 가장 효율적으로 저장하는 선인장에 속한다. 이 선인장의 가시는 대다수의 초식동물들을 충분히 막아낼 수 있지만, 담배박각시나방(*Manduca sexta*)의 애벌레는 그래도 뚫고 들어갈 수 있다. 나방 애벌레를 막기 위한 이차 방어선은 꼬리치레개미속(*Crematogaster*)의 사막 종과 동맹을 맺는 것이다. 선인장은 꽃외 꿀샘(extrafloral nectary)이라고 하는 가시 사이에 난 작은 꿀샘을 통해서 달콤한 꿀을 분비한다. 이 꿀은 꼬리치레개미를 끌어들인다. 개미들은 선인장 바깥에 모여서 꿀을 마음껏 먹으면서 보답으로 나방 애벌레가 접근하지 못하게 선인장을 지킨다.

이렇게 곤충과 협력관계를 맺음으로써 곤충의 보호를 받는 쪽으로 진화한 식물이 있는 반면, 다른 생존전략을 개발한 식물도 있다. 식충식물은 곤충을 꾀어 함정에 빠뜨리는 다양한 포획 메커니즘을 개발해왔다. 그들은 노스캐롤라이나와 사우스캐롤라이나의 축축한 습지에서 보르네오, 오스트레일리아, 시베리아에 이르기까지 다양한 서식지의 척박한 토양에서 산다. 이런 환경에서 이 식물들은 부족한 질소 성분을 곤충, 개구리, 몇몇 작은 포유동물의 사체로부터 얻는다.

위 **벌레먹이말**

이 식충식물은 물레방아처럼 생긴 놀라운 구조를 가지고 있다.

각 종은 먹이를 색깔, 냄새, 먹이 약속 등을 이용하여 꾀는 나름의 포획전략을 개발했다. 식물학자들과 식물 수집가들은 오래 전부터 그들의 포획 메커니즘에 매료되었으며, 이들을 기록한 최초의 문헌 중에는 17세기 마다가스카르의 식충식물을 기재한 것도 있다. 그러나 이 식물들을 최초로 과학적으로 분석한 사람은 찰스 다윈이었다. 그는 1875년에 『식충식물(*Insectivorous Plants*)』이라는 책을 썼다. 당시에는 이국적인 식물의 교역이 활발했기 때문에, 다윈은 전 세계의 다양한 식충식물들을 제공받아서 연구를 했다. 그는 특히 북아메리카에서 자라는 파리지옥(*Dionaea muscipula*)이라는 종을 집중적으로 연구했다. 1760년대에 노스캐롤라이나 주지사인 아서 돕스가 이 식물을 발견하여 예민한 파리잡이 식물(flytrap sensitive plant)이라는 이름을 붙였다. 몇 년이 지난 1771년에 영국 식물학자 존 엘리스는 이 식물의 표본을 받았다. 그는 앞서 다른 사람이 기재를 했다는 사실을 모른 채, 이 식물에 디오나이아 무스키풀라(*Dionaea muscipula*)라는 학명을 붙였다. 비너스의 쥐덫(Venus's mousetrap)이라는 뜻이었다. 이것이 바로 오늘날 우리가 파리지옥(Venus flytrap)이라고 말하는 종이다. 다윈은 이 식물이 "세상에서 가장 놀라운 식물 중 하나"라고 믿었다.

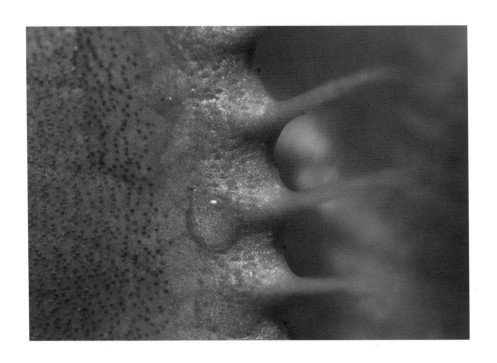

파리지옥은 잎의 가장자리에서
달콤한 액체를 분비하여 곤충을
꾀어들여서 잡는다.

파리지옥의 덫은 잎이 수백만 년에 걸쳐 마주
보는 한 쌍의 덮개로 변형됨으로써 진화했다.
이 덫은 눈 깜짝할 사이에 닫혀서 그 안에 들어
온 곤충을 잡을 수 있다. 곤충은 덫 가장자리
에 손가락처럼 나 있는 돌기의 기부에서 분비되는 꿀 같은 물질에 혹해서 찾아온
다. 덫의 표면에 나 있는 미세한 털들은 곤충이 내려앉는 움직임을 감지하며, 곤
충이 털을 하나 건드린 뒤 20초 이내에 다른 털을 건드리면, 덫의 바깥쪽에 있는
세포들에 생화학 신호가 전달된다. 그러면 이 세포들은 즉시 물로 채워지고, 대
신에 안쪽의 세포들은 수축한다. 그 결과 약 100밀리초라는 번개처럼 빠른 속
도로 덫이 닫힌다. 이것은 식물계에서 가장 빠른 움직임에 속한다. 식물의 덫에
서 분비되는 소화액은 곤충의 사체를 녹이고, 식물은 그 액체 속 질소 성분을 흡
수한다. 온대에서 아열대의 산성을 띠는 호수에서 사는 벌레먹이말(*Aldrovanda
vesiculosa*)이라는 희귀한 식충식물도 이와 흡사한 닫히는 덫을 가지고 있다. 벌
레먹이말은 폭이 3밀리미터인 투명한 녹색 포충낭(捕蟲囊)으로, 지나가는 무척추
동물을 잡을 수 있다. 이 포충낭은 파리지옥의 덫보다 5배 더 빠른, 20밀리초만
에 닫힌다. 그러나 벌레먹이말은 극소수의 서식지에서만 산다. 그에 비해서 수생

무척추동물들에게 훨씬 더 위험한 수생 식충식물은 따로 있다. 바로 통발속(*Utricularia*)의 종들이다. 이 식물들은 극지방에서 열대지방에 이르기까지 전 세계의 수생 서식지에서 왕성하게 자라면서 연한 녹색의 풀 같은 가느다란 가지들을 얼기설기 뻗어서 두꺼운 매트를 형성한다. 통발속의 포충낭은 공기 주머니처럼 생겼는데, 처음에 연구자들은 포충낭이 실 같은 이 식물이 물에 뜨도록 돕는 역할을 한다고 생각했다. 그러나 후속 연구들을 통해서, 이 주머니가 식충식물들의 덫 가운데 가장 복잡한 것임이 드러났다. 길이가 0.2밀리미터에서 12밀리미터까지 다양한 이 콩모양의 투명한 포충낭 안에는 진공이 형성되어 있고, 안으로 들어가거나 나가는 방법은 한쪽에 경첩으로 부착되어 있는 덧문을 통하는 수밖에 없다. 이 원형의 포충낭 입구 가장자리에는 여러 갈래로 실처럼 뻗

위 끈적이는 덫

끈끈이주걱은 반짝이는 점액질로 곤충을 유혹한다. 곤충은 이 달콤한 분비물에 갇혀서 질식당한다.

은 돌기들이 나 있으며, 이 돌기들은 곤충을 혼란스럽게 만들어서 덧문 쪽으로 인도한다. 또 주변의 부유물이 포충낭 안으로 빨려들어가지 못하게 막는 역할도 한다. 식물이 반응을 해야 덫이 작동하는 파리지옥의 맞물리는 잎과 달리, 통발속의 포충낭은 전적으로 기계적인 메커니즘에 의해서 작동한다. 빈 포충낭은 덧문이 닫힌 채 섬세한 감각모라는 방아쇠와 연결된 벨럼층(velum)이라는 얇은 막을 통해서 안쪽의 낮은 수압과 바깥쪽의 높은 수압이 불균형 상태를 이루고 있다. 지나가는 동물이 이 방아쇠를 건드리자마자 밀봉 상태는 깨지고, 포충낭은 급팽창한다. 그 순간 입구에 있던 동물은 주변의 물과 함께 포충낭 안으로 빨려들어간다. 먹이가 빨려들어가는 시간은 10밀리초에 불과하며, 덧문이 닫히면 식물은 포충낭 안으로 강력한 효소를 분비하여 잡은 동물을 오랜 시간에 걸쳐 서서히 소화시킨다.

파리잡이 끈끈이처럼 끈적거리는 표면을 이용하여 곤충을 잡는 능력을 개발한 식충식물들도 있다. 이 행동의 가장 인상적인 사례는 끈끈이주걱속(*Drosera*)의 식물들에서 볼 수 있다. 이 속에는 약 130종이 있으며, 주로 축축한 이탄 늪

과 사바나 초원에서 산다. 키가 몇 밀리미터에
불과한 것에서부터 30센티미터에 달하는 것까
지 있으며, 산성의 늪 위로 뻗어나온 노처럼 생
긴 잎은 손가락 같은 많은 돌기들로 덮여 있다.
마치 촉수처럼 보이는 이 돌기들은 점액질을 분비하는데, 점액질은 햇빛에 이슬
처럼 반짝거린다. 끈끈이주걱의 영어 이름인 선듀(sundew)는 여기에서 유래했다.
이 끈적거리는 액체에는 날아다니는 곤충을 꾀는 당분이 들어 있다. 당분에 홀
려 내려앉은 곤충은 점액질에 달라붙는다. 몇 초 지나지 않아 끈적거리는 이슬은
곤충을 집어삼키기 시작하며 곤충의 숨구멍을 막는다. 일단 이 점액질 속에 갇히
면 곤충은 서서히 숨이 막힌다. 곤충은 빠져나오려고 몸부림을 치다가 잎에 있
는 주변의 촉수들을 건드리고, 그 촉수들까지 모여들면서 더욱 옴짝달싹 못하
게 된다. 그와 동시에 곤충을 소화시킬 수 있도록 안에 작은 빈 공간이 만들어진
다. 그 공간 안으로 강력한 소화효소가 분비되면서 곤충은 서서히 영양가 높은
죽처럼 변하고, 식물은 잎 표면을 통해서 양분을 흡수한다.

남아프리카의 케이프폴드 산맥에서 자라는 로리둘라 덴타타(*Roridula dentata*)
도 이슬을 만드는 식물이다. 1990년대 초에 식물학자 루돌프 말로스는 이 식물
의 잎을 연구하여, 이슬이 점액보다는 수지로 이루어져 있음을 밝혀냈다. 점액은
물을 토대로 만들어지지만, 수지는 소나무의 송진을 이루는 것과 같은 종류의
물질이다. 말로스는 수지 안에서는 소화시키는 산(酸)과 효소가 다른 이슬을 만
드는 식물들의 점액에서처럼 쉽게 확산되지 않을 터이므로, 이 식물이 곤충을 잡
을 수는 있지만 잎에 갇힌 곤충으로부터 양분을 흡수할 수는 없다고 추측했다.
그렇다면 로리둘라가 소화시킬 수도 없는 곤충을 왜 잡는지가 수수께끼로 남아
있었다. 이윽고 이 식물의 쓸모없어 보이는 살육 행동에 대한 수수께끼가 풀렸
다. 바로 파메리데아 로리둘라이(*Pameridea roridulae*)라는 장님노린잿과의 곤충
이었다. 이 곤충은 로리둘라 식물의 잎에서 돌아다니는데, 다른 곤충과 달리 끈
적거리는 이슬 방울에 달라붙지 않은 채 잎 위를 수월하게 돌아다닐 수 있는 듯
했다. 이 곤충의 몸과 다리에는 매끄러운 층이 있어서 끈적거리는 수지에 달라붙
지 않은 채 돌아다니면서 포획된 곤충의 소화되지 않은 사체를 먹어치울 수 있
다. 포획된 곤충을 발견하면 이들은 핀처럼 날카로운 입을 찔러넣어서 체액을 빨

"대부분의 식물은 꽃가루를 옮기고 씨를 퍼뜨리려면 다른 동물 종의 도움을 받아야 한다."

아먹는다. 식물에 중요한 점은 파메리데아가 잘 먹은 뒤에 로리둘라의 잎에 배설을 한다는 것이다. 이 배설물은 식물이 흡수할 수 있는 질소가 풍부한 비료가 된다.

오늘날 우리가 아는 식충식물들이 곤충을 잡아 죽이는 데에 쓰는 다양한 방식들 중 상당수를 처음으로 발견한 빅토리아 시대의 수집가들은 이 종들의 포식행위에 매료되었고, 그 결과 18세기와 19세기에 걸쳐 많은 식충식물들이 영국으로 물밀듯이 수입되었다. 가장 선호된 것은 아시아의 네펜테스속(Nepenthes)의 식물들이었다. 이 식물들은 동남 아시아의 숲 바닥이나 나무 위에서 긴 덩굴손을 늘어뜨린다. 덩굴 끝에는 액체가 담겨 있는, 항아리 같은 커다란 구조물이 달려 있다. 낭상엽(囊狀葉, pitcher)이라는 이 구조물은 작은 개미부터 쥐에 이르기까지 다양한 먹이를 잡는 함정 역할을 한다. 1658년 마다가스카르의 총독인 에티엔 드 플라쿠르가 이 기이한 형태의 식물을 처음 기재했지만, 그로부터 130년이 흐른 뒤에 조지프 뱅크스 경이 네펜테스속의 표본을 처음으로 큐 왕립 식물원에 들여왔다. 1789년 뱅크스가 영국에 들여온 이 식충식물의 경이로운 특성을 직접 본 유럽인들은 곧 이 식물에 매료되었다. 수집 열기가 들불처럼 번졌고 이 열기는 이윽고 '네펜테스의 황금기'라고 묘사될 수준에 이르렀다. 100여 년에 걸쳐 동인도 제도에서 새로 발견된 수십 종의 식물들이 명망 있는 유럽 수집가들의 온실을 채웠다. 이 낭상엽 식물들은 대부분 두 종류의 낭상엽을 가진다. 아래쪽에는 땅에 사는 먹이를 잡는 낭상엽이 달리고, 더 높은 쪽에는 날아다니는 먹이를 잡는 낭상엽이 달린다. 동물을 꾀는 방식은 네펜테스속의 종에 따라 다르다. 낭상엽의 테두리에서 꿀을 분비하는 종도 있고, 선명한 빨간색이나 녹색 무늬를 띠는 종도 있으며, 심지어 앞선 희생자의 썩어가는 사체를 이용하는 종도 있다. 많

위 **시계꽃**

독특한 구조를 가진 이 복잡한 꽃은 벌, 박쥐, 말벌, 벌새 등 다양한 꽃가루 매개자들을 끌어들인다.

은 낭상엽은 입구의 테두리가 매끄러운 물질로 덮여 있으며, 낭상엽 안의 액체는 소화효소가 든 끈적거리는 스프이다. 스테이크 조각을 며칠 사이에 녹일 만큼 강한 것도 있다. 액체에는 유사(quicksand)처럼 작용하는 점성과 탄성이 있는 섬유질도 들어 있다. 즉 곤충은 빠져나오려고 몸부림을 칠수록 더 갇히게 된다. 낭상엽의 위쪽 벽 안은 상표피(epicuticle) 왁스 결정으로 덮여 있어서, 곤충은 발을 디디거나 매달릴 수가 없다. 낭상엽 안에 갇힌 동물은 서서히 분해되면서 양분을 방출하며, 이 양분은 소화액에 녹아서 낭상엽 안쪽 벽에 있는 다세포 샘을 통해서 흡수된다.

많은 네펜테스 식물들은 액체로 채워진 낭상엽에 갇힌 동물을 소화시킬 뿐만 아니라, 특정한 동물에는 은신처를 제공하여 보호하는 역할도 한다. 그들 중 일부는 남아메리카의 브로멜리아드와 흡사하게 자체의 축소판 생태계를 부양할 수도 있다. 즉 낭상엽의 액체 안에서 장구벌레가 살 수도 있고, 그 안에 개구리가 알을 낳는 종도 있으며, 그 안을 박쥐가 보금자리로 삼는 사례도 있다. 보르네오 북서부의 저지대 이탄 숲에는 네펜테스속에서 가장 크고 가장 경탄할 만한 종이 산다. 바로 네펜테스 비칼카라타(*Nepenthes bicalcarata*, 송곳니가 달린 낭상엽)인데, 이 낭상엽에는 목수개미의 일종인 캄포노투스 스크미트지(*Camponotus schmitzi*)가 산다. 길이가 25센티미터에 폭이 16센티미터에 이르고 1리터가 넘는 액체가 담겨 있는 이 거대한 낭상엽의 테두리 아래쪽에는 개미들의 군대가 숨어 있다. 그러나 일부 선인장의 가시 사이를 순찰하면서 공격하는 개미들과 달리, 이 개미는 그저 숨어만 있다. 그들은 바퀴나 귀뚜라미 같은 커다란 곤충이 낭상엽 안으로 떨어질 때까지 마냥 기다린다. 곤충이 서서히 죽어 가라앉을 때, 개미 중 한 마리가 액체 속으로 뛰어들어 강력한 턱으로 그 곤충을 움켜쥔다. 곤충을 붙들면 다른 개미들이 도와서 액체 밖으로 끌어올린다. 이 과정은 느리게 꾸준히 진행되지만, 발에 달린 갈고리 같은 발목마디 발톱의 도움으로, 개미들은 자신들보다 엄청나게 큰 곤충을 낭상엽의 매끄러운 벽 위로 끌어올릴 수 있다. 일단 낭상엽 테두리의 안전한 곳까지 끌어올리고 나면, 개미들은 곤충을 해체하여 가장 먹기 좋은 부위들을 포식한 뒤 나머지는 다시 액체 속으로 내던진다.

이 행동을 관찰한 연구자들은 식물이 왜 잡은 먹이를 훔치는 개미를 그냥 두는지 의아해했다. 더 강력한 소화액을 개발하든지 개미가 접근할 수 없는 매끄러운 벽을 만들지 않는 이유가 무엇일까? 이윽고 개미가 있을 때와 없을 때, 식물이 흡수할 수 있는 양분의 양을 연구함으로써 해답이 나왔다. 낭상엽은 커다란 곤충을 소화시킬 수 없다는 사실이 드러났다. 큰 곤충을 액체 속에 그냥 두면 고인 채로 썩어갈 것이다. 꺼내서 작은 조각으로 해체하여 다시 액체 속에 집어넣음으로써, 개미는 식물이 과식하는 것을 막고 따라서 식물에 혜택을 준다.

네펜테스 비칼카라타가 동물의 지원을 받아 지나치게 큰 먹이를 낭상엽에서 제거한다면, 보르네오의 두 산봉우리에서 해발 1,500−2,600미터 사이에 펼쳐진 풀밭에서 자라는 멸종 위기종인 네펜테스 라자(*Nepenthes rajah*)는 동물들을 꾀어 낭상엽 속에 먹이를 떨구도록 만든다. 그런 뒤 동물은 아무 탈 없이 떠난다. 낭상엽의 테두리가 넓은 이 종은 오랫동안 개구리, 도마뱀, 심지어 쥐 같은 동물을

잡는다고 알려져 있었다. 그래서 2011년 보르네오 북부의 키나발루 산의 안개 자욱한 비탈에서 이 식물을 연구한 과학자들이 발견한 내용을 발표했을 때, 사람들은 놀라움을 감추지 못했다. 이 식물을 찾은 작은 포유동물들이 치명적인 함정에 빠져 죽는 것이 아니라는 내용이었다. 산꼭대기쥐(*Rattus baluensis*)와 산나무타기쥐(*Tupaia montana*)는 열매나 곤충을 찾아 먹는 동물이다. 더 작은 동물은 낭상엽의 미끄러운 함정 속에 빠지지만, 산꼭대기쥐와 산나무타기쥐는 몸집이 커서 낭상엽의 테두리에 안전하게 걸터앉아서 뚜껑 아래쪽의 꿀 성분을 핥아먹을 수 있다. 기이한 점은 낭상엽의 뚜껑에서 배어나오는 진한 꿀이 이 포유동물들에게 즉효가 있는 하제(下劑)로 작용하는 듯하다는 것이다. 그래서 이 동물들은 행복하게 꿀을 핥아먹는 동안 낭상엽의 액체 속으로 배설을 한다. 이들의 배설물에는 질소와 인이 풍부하며, 그 성분들은 낭상엽의 소화액에 서서히 녹는다. 따라서 식물은 양분을 풍족하게 얻는다. 네펜테스 라자의 서식지에는 비슷한 크기의 포유동물들이 더 살고 있지만, 이 식물의 꿀을 먹으면서 배설물로 식물에 양분을 공급하는 것은 이 두 종뿐이다.

일부 식물에는 불행하게도, 식물이 동물과 맺는 관계가 모두 바람직한 것은 아니며, 때로는 식물과 동물 사이의 평생에 걸친 관계가 격렬한 생존경쟁의 산물일 수도 있다. 그런 격렬한 공진화 군비경쟁은 시계꽃속(*Passiflora*)의 이국적인 현화식물 집단과 거기에서 살아가는 헬리코니우스 나비 사이에서 볼 수 있다. 중앙 아메리카와 남아메리카의 신열대구(新熱帶區, Neotropical region) 전역에서 사는 이 나비는 시계꽃 덩굴의 잎을 비롯하여 다양한 식물들을 먹는다. 그러나 애벌레 단계에서는 시계꽃 덩굴만을 먹는다. 시계꽃은 잎에서 청산글리코시드(cyanogenic glycoside)와 시아노히드린(cyanohydrin)이라는 강력한 화학물질이 만들어지도록 진화했다. 이 화학물질 때문에 대부분의 곤충은 시계꽃의 잎을 먹지 않는다. 그러나 헬리코니우스속의 한 종인 얼룩말나비(*Heliconius charithonia*)는 이 화학물질에 내성(耐性)을 갖추었다. 이 나비의 애벌레는 침에 그 화학물질들을 해독하는 효소가 들어 있어서, 거리낌 없이 시계꽃 덩굴을 먹어치울 수 있다. 얼룩말나비는 이 화학물질들을 견디는 차원을 넘어서서, 그것을 자신의 몸 한구석에 몰아넣어서 독소로 활용한다. 이 독소는 나중에 성체 단계에서 나비를 잡아먹는 새에게 독성을 일으킨다. 자식의 생존 기회를 가능한 한 높이기 위해서, 얼룩말나비 암컷은 주로 시계꽃 덩굴에 알을 낳는다. 애벌레가 알에서 깨어나자마자 먹이를 얻을 수 있도록 하기 위해서이다. 시계꽃은 부화한 애벌레에게 잎이 초토화되는 것을 막기 위해서, 몇몇 잎에 나비의 알을 모방한 가짜 알인 노란 돌기(stipule)를 낸다. 이 의태(擬態, mimicry)는 놀랍기 그지없다. 헬리코니우스 나비의 종마다 알을 낳을 때 어린 잎의 끝이나 줄기 등 선호하는 부위가 저마다 다르고, 알을 모아 낳거나 완벽한 직선 형태로 줄지어 낳는 등 낳는 방식도 저마다 다르므로, 시계꽃은 이런 각각의 양상을 거의 똑같이 모방하기 위해서 다양한 가짜 알 패턴을 개발했다. 또 잎에서 각 노란 돌기가 붙은 곳의 뒷면에는 개미와 말벌을 꾀는 꿀을 분비하는 작은 꿀샘이 있다. 이 포식성 곤충들은 시계꽃의 잎을 순찰하면서 잎을 뜯어먹고 있는 나비 애벌레를 발견하면 공격한다. 따라서 식물은 또 하나의 방어선을 구축한다.

수백만 년 동안 이 식물은 동물 동반자보다 한 단계 더 앞서기 위해서 조정하고 적응해왔는데, 알려져 있는 시계꽃 600종 가운데, 헬리코니우스 나비보다 한 수 앞선 종이 하나 있는 듯하다. 바로 벨크로시계꽃(*Passiflora adenopoda*)으로서, 이 종은 잎 전체에 못이 죽 박힌 듯이 갈고리 모양의 미세한 털들이 나 있다. 몸이 부드러운 나비 애벌레가 이 위로 기어오면 갈고리에 찔려서 옴짝달싹 못하게 되어 서서히 굶어죽는다.

시간이 흐르면서 새로운 형태의 꽃, 나무와 관목이 진화하면서 새로운 생태 지위를 만들며, 그런 곳에서 개구리, 포유동물, 곤충의 새로운 종이 출현한다. 그리고 이런 동물들이 증가하고 진화함에 따라, 식물도 적응과 분화를 거쳐 더 다양성이 커진다. 이 생물들을 하나로 엮는 다양하고 복잡한 관계들을 이해하려고 노력하는 것이 동식물의 세계를 보전하는 방향으로 나아가는 중요한 첫 걸음이 된다.

7
극한과
생존

"물과 양분이 풍족하게 공급되는
습한 서식지의 토양과 달리,
사막의 토양에는 유기물이 부족하다."

극단의 삶

지구의 사막 생물군계를 포함하는 세계의 건조한 환경들은 너무나 극단적이어서 그런 곳에서 생존하는 식물 중에는 지구에서 가장 고도로 진화한 것들도 있다. 비록 식물이 고대 호수와 바다에서 기원했을지라도, 일부는 무수한 적응단계들을 거쳐서 수생 환경에서 멀리 벗어난 곳에서도 살 수 있도록 변화했고, 시간이 흐르면서 점점 더 메마르고 황량한 땅에 정착할 수 있게 되었다.

10억 년 전 바다에서 식물이 출현한 이래로, 지구의 기후는 오래 지속되는 추운 빙하기와 그 사이의 더 따뜻한 간빙기 사이를 오락가락했다. 인류 문명이 융성했던 지난 1만 년 동안은 가장 최근에 시작된 간빙기가 지속되는 기간과 거의 일치한다. 그러나 이 짧은 온난화 추세와 정반대로, 지난 6,000만 년 동안을 돌아보면, 지구는 점점 더 강력한 빙하기에 사로잡히는 양상을 보여왔다. 그 결과 한때 열대의 녹색으로 가득했던 드넓은 지역들이 지금은 황량하고 건조해졌다. 점점 더 건조해지는 기후에 대응하여, 예전에 습한 서식지에서 살았던 식물들은 극단적인 기후에 대처하도록 진화했다. 예를 들면, 나뭇잎선인장속(*Pereskia*)의 가시투성이 덤불은 오늘날 선인장을 정의하는 특징 중 상당수를 가지고 있다. 큰 목질의 줄기에서 뻗어나온 긴 가시들, 물을 저장하는 두꺼운 납질(蠟質)의 잎,

밤에만 기공을 열어서 이산화탄소를 흡수함으로써 물 손실을 최소화할 수 있게 하는 크래슐산 대사(crassulacean acid metabolism, CAM 광합성)라는 화학 경로를 이용하여 호흡하는 능력이 그렇다. 이 식물은 약 5,000만 년 전에 처음 진화했으며, 사막에서 살아가도록 적응한 건조지대에서 사는 식물들 중 아마 가장 극단적인 형태일 모든 선인장의 조상으로 간주된다.

시간이 흐르면서 내건성(耐乾性)을 갖춘 새로운 식물들이 출현했다. 각 식물은 적은 물로도 살아갈 수 있도록 저마다 다른 적응형질을 갖추었다. 아프리카 남부의 사막에서 살도록 진화한 석류풀과(Aizoaceae) 식물들이 대표적이다. 그들은 시원한 상태를 유지하고 물 손실을 최소화하기 위해서 주로 땅속에서 자라도록 적응했고, 뜨겁게 타들어가는 계절이 찾아오는 환경에서 살아가기 위해서 독특한 꽃가루받이와 번식전략을 개발했다. 마다가스카르의 자생식물인 용수과(Didiereaceae)의 식물들은 길고 가느다란 줄기와 잎에 물을 저장할 수 있는 불룩한 구조물을 만든다. 남반구의 건조한 지역에서 자라는 쇠비름과의 식물들에는 물을 저장하는 두꺼운 잎과 줄기가 있으며, 남북 아메리카의 선인장과 식물들은 오늘날 사막에서 사는 식물의 상징이 된 몇 가지 특징들을 갖추고 있다. 이 건조지대의 식물들은 지난 4,000만 년 동안 다양하게 분화했고, 지난 500만 년에 걸쳐 대륙들의 위치와 기후가 더 안정적인 상태에 이르면서 오늘날 지구의 건조한 서식지들을 채우고 있는 식물 종들로 진화했다.

남극대륙에 얼음이 계속 쌓이고 산맥들이 형성됨에 따라, 지구의 몇몇 지역들은 더욱 건조해졌다. 거대한 안데스 산맥이 솟아오르면서 남아메리카의 이 등뼈를 따라 비그늘(rain-shadow)이 형성되었고, 남극점에 얼음이 쌓이면서 페루 해안에는 한류(寒流)가 흐르기 시작했다. 오늘날 페루의 아타카마 사막과 세추라 사막은 지구상에서 가장 메마른 곳이다. 심지어 기록상 비가 한번도 내리지 않은 지역도 있다. 북반구에서도 같은 과정이 일어난 지역이 있다. 로키 산맥이 형성되면서 해안에서 오는 습기는 산맥에 가로막혀 아메리카 대륙 중심부로 들어가지 못했고, 그 결과 오늘날 대평원과 멕시코 고원은 메말라 있다. 마찬가지로 티베트 고원이 솟아오르면서 아시아의 드넓은 지역에서도 사막화가 일어났고, 이 고원은 사하라의 사막화에도 한몫을 했을 것으로 여겨진다.

오늘날 사막은 지표면의 약 3분의 1을 차지한다. 면적으로는 약 8,000만 제곱

석류풀과의 이 식물은 통통한 잎에 물을 저장한다.

킬로미터에 이른다. 사막은 기온이 극단적으로 변하고 비도 거의 내리지 않는다는 점이 특징이다. 강수량은 대개 연간 200밀리미터 이하이다. 반면에 아마존 유역의 연간 강수량은 2,000밀리미터에 달한다. 건조한 바람은 경관 표면을 마치 사포처럼 만들며, 그렇게 변한 경관은 지역을 더욱 메마르게 한다. 물과 양분이 풍족하게 공급되는 습한 서식지의 토양과 달리, 사막의 토양에는 유기물이 부족하다. 생존 환경이 너무나 빈약해서 사막에 사는 식물들은 경쟁을 줄이기 위해서 서로 멀찌감치 떨어져서 자라기도 한다. 이렇게 사막이 열대림에 비해서 황무지처럼 보이기는 하지만, 사실 사막 지역도 생물학적으로는 풍부한 서식지이다.

전 세계의 사막 환경마다 특색을 이루는 식물들이 살고 있다. 아프리카 남부의 나미브 사막은 약 5,500만 년 전에 형성된 세계에서 가장 오래된 사막이라고 여겨진다. 현재 그곳에는 이 무자비한 기후에서 살아남기 위해서 독특한 형질을 갖춘 많은 식물 종들이 서식하고 있다. 웰위치아 미라빌리스(*Welwitschia mirabilis*)는 말라붙은 갈색 잎 무더기처럼 보이지만, 수천 년을 살 수 있다. 광당(*Pachypodium namaquanum*)이라는 식물은 4미터 높이까지 자라는데, 헐벗은 토

위 **나무알로에**
원주민들은 이 사막 식물의 통통한 가지로 화살통을 만들었다.

템 기둥 꼭대기에 잎이 몇 개 나 있는 모습이며, 나무알로에(*Aloe dichotoma*)는 자갈밭에서 자라는데, 울퉁불퉁한 나무껍질로 뒤덮인 굵은 줄기 위에 소형 야자나무들을 한 다발 묶어서 올려놓은 것 같다. 아메리카의 소노란 사막에서는 가시 망토를 두르고 있는 듯한, 높이 21미터에 이르는 사와로 선인장, 다육질의 잎에 물을 저장하는 가시를 삐죽 내민 용설란, 3–6월에 사막을 온통 화려한 꽃으로 물들이는 국화과의 엔켈리아속(*Encelia*) 식물들이 경관을 지배한다. 웨스턴 오스트레일리아에는 이 대륙의 거의 절반을 뒤덮고 있는 광활한 붉은 모래사막이 펼쳐져 있으며, 이곳에는 키 작은 덤불을 이루는 스피니펙스(spinifex grass), 비름과의 에이나디아속(*Einadia*) 관목, 오스트레일리아의 나라꽃인 와틀트리(wattle tree, *Acacia*)의 노란 꽃이 드문드문 흩어져서 자란다.

뜨거우면서 건조하든 추우면서 건조하든 간에, 이런 메마른 지역에서 사는 식물이 겪는 주된 문제는 물 부족이다. 이런 환경에서는 햇볕에 바짝 구워지거나 모든 수분을 얼음으로 가두는 영하의 매서운 바람이 몰아치는 기간이 한 해의 대부분을 차지한다. 대다수의 관다발식물에 있는 납질의 큐티클층은 온대 기후에서 물 손실을 막는 장벽 역할을 한다. 본래 식물에서는 증산작용으로 잎에서 물이 소량 빠져나가면, 모세관 현상을 통해서 뿌리로부터 더 많은 물이 끌려 올라와서 곧 보충된다. 그러나 뿌리 주변의 흙에서 물을 쉽게 구할 수가 없는 뜨겁고 건조한 서식지에서는 잃은 물을 보충할 방법이 없다. 그래서 건조지대의 식물들은 물 손실을 최소화하는 한편으로 물을 저장할 수 있는 구조를 갖추는 방향으로, 물 부족에 대처하는 다양한 메커니즘을 마련하고 구조적 변화를 이루어왔다. 이런 내건성 식물들을 통틀어 건생식물(乾生植物, xerophyte)이라고 하며, 일반적으로는 선인장과 다육식물을 가리키는 뜻으로 흔히 쓰인다.

비가 한 방울도 내리지 않는 사막도 있지만, 대부분의 사막은 적어도 연간 몇 센티미터라도 비가 내린다. 대개는 어느 시기에 폭우가 쏟아지는 형태로 내리기 때문에, 식물로서는 그 빗물을 가능한 한 많이 저장하는 것이 생존의 핵심이다. 많은 건생식물이 물을 저장하기 위해서 취한 첫 조치는 여러 층의 세포로 이루어진 벽이 두꺼운 구조물을 만들어서 다육질의 물 저장기관을 갖추는 것이었다. 멕시코 오악사카 사막에 사는 에케베리아 라우이(*Echeveria laui*)의 잎은 분홍색과 흰색의 두꺼운 노와 비슷한 모습의 물 저장기관으로 진화했다. 아메리카에서 자라는 선인장들은 잎을 가시처럼 변형함으로써 물 손실을 막았고, 줄기는 물을 저장할 뿐만 아니라 광합성을 할 수 있도록 진화했다. 멕시코의 목테수마 강 연안에서 자라는 금호선인장(*Echinocactus grusonii*)은 물 저장에 이상적인 공 모양으로 진화함으로써, 증발산을 통한 물 손실을 최소화했다. 많은 선인장은 구대륙의 아프리카에서 자라는 상응하는 식물인 대극과(Euphorbiaceae)의 다육식물들과 마찬가지로, 몸의 긴 축을 따라 주름이 져서 신축성을 띠는 두꺼운 피부로 덮여 있다. 이 주름진 피부는 물을 흡수하고 소비함에 따라 콘서티나(concertina)처럼 부풀었다 쪼그라들었다

한다. 또 두꺼운 피부는 저장한 물이 대기로 증발되는 것을 막고, 지상의 온도가 치솟을 때 식물을 단열시키기도 한다. 사막 표면의 온도는 60도까지 치솟기도 한다.

수간경(樹幹莖) 식물(caudiciform)은 뿌리나 줄기 밑동이 물을 다량으로 저장할 수 있도록 특수하게 분화한 식물을 말한다. 도끼로 팬 나무 더미로 착각할 정도로 깊이 갈라진 뿌리 덩어리에서 작지만 가느다란 가지가 아름답게 뻗어나오는 귀갑룡(*Dioscorea elephantipes*)에서 아프리카 사하라 이남의 사바나에서 자라는 바오밥나무(*Adansonia digitata*)에 이르기까지 다양한 식물들이 이 부류에 속한다. 바오밥나무는 흔히 뒤집힌 나무라고도 하는데, 지상부가 비교적 짧고 굵어서 마치 가지가 아니라 뿌리가 뻗어 있는 것처럼 보이기 때문이다.

선인장을 비롯한 다육식물들이 다량의 물을 흡수하고 저장하는 데에 뛰어나기는 하지만, 그들도 광합성에 필요한 이산화탄소를 흡수하려면 두꺼운 피부에 나 있는 기공을 열어야 하며, 그때 물이 빠져나가기가 쉽다. 건조지대에 사는 많은 식물들은 뜨거운 낮에 기공을 여는 대신에, 증발산율이 낮은 밤에만 기공을 여는 방법을 개발했다. 그러나 어둠 속에서는 광합성을 할 수 없으므로, 흡수한 이산화탄소를 아침이 될 때까지 저장해야 한다. 그래서 그들은 이산화탄소를 말산(malic acid)이라는 화학물질로 전환한다. 다음날 동이 트면 말산은 분해되어 이산화탄소를 방출하며, 이 방법으로 다육식물은 기공을 닫은 채 광합성을 할 수 있다. 크래슐산 대사(CAM)라고 하는 이 과정을 통해서 사막 식물은 다른 식물들에 비해 합성하는 탄수화물의 양을 기준으로 할 때 물을 90퍼센트나 덜 잃는다. CAM 식물은 수분을 보존하는 효율이 대단히 뛰어날 뿐만 아니라, 극도로 건조한 시기에는 대사활동을 아예 중단할 수 있는 능력도 있다. 물이 공급되지 않으면, 기공을 낮이든 밤이든 계속 닫아놓을 수 있다. 그럴 때에는 앞서 밤에 저장해둔 이산화탄소를 이용하여 세포 안의 습한 환경 속에서 대사활동을 아주 낮은 수준으로 유지한다. 서식지에 물이 돌아올 때까지 이 상태를 유지할 수

있으며, 물 공급이 재개되면 24시간 이내에 정상적인 대사율을 회복할 수 있다.

사막 식물은 비가 내리는 아주 짧은 기간에 고도로 적응한 뿌리를 이용하여 물이 증발하기 전에 가능한 한 많은 물을 빨아들일 필요가 있다. 열대와 온대의 식물은 땅속으로 깊이 뻗어서 저장된 물을 흡수하도록 고안된 긴 뿌리를 가진 반면, 건조한 서식지의 식물은 빗물이 땅에 떨어지자마자 빨아들일 수 있도록 지표면 바로 아래에 비교적 얕게 퍼진 뿌리를 가진다. 선인장 뿌리는 깊지 않지만 넓게 퍼져 있으며, 키가 1미터인 선인장의 뿌리는 수평으로 3.5미터까지 뻗을 수도 있다. 가장 건조한 지대에 사는 식물의 뿌리는 평균적으로 지상부 수관의 2배에 달하는 면적을 덮고 있다. 선인장의 뿌리는 물 손실을 막기 위해서 탄성이 있는 코르크 같은 물질로 덮여 있으며, 우기에는 물을 더 많이 빨아들이기 위해서 새로운 뿌리털을 많이 뻗는다. 비가 내린 뒤, 땅이 다시 말라서 갈라지기 시작할 때, 뿌리는 군데군데 죽는다. 물을 많이 잃지 않기 위해서 치러야 하는 작은 희생이다. 또 많은 식물은 극도로 메마른 시기에는 잎도 떨군다. 잎에서 일어나는 증산작용으로 물을 잃지 않기 위해서, 줄기로 물을 회수하며 잎은 그냥 말라서 떨어진다. 아메리카의 소노란, 치후안후안, 모하브 사막에서 드문드문 덤불을 이루어 자라는 크레오소트 덤불(creosote bush)은 잎을 떨구지는 못하지만, 대신에 잎 표면을 수지로 두껍게 뒤덮어서 물 손실을 차단한다.

그러나 종종 물 없이 1년까지도 견뎌야 하는 가장 극단적인 건조지대의 식물 중에는 물 손실을 막으려고 애쓰는 대신에, 멕시코의 치후안후안 사막에서 자생하는 자그마한 식물인 부활초(Selaginella lepidophylla)처럼 거의 완전히 바싹 말라도 살 수 있는 능력을 갖춘 종도 있다. 이 원시적인 식물은 석송류로서, 습한 곳을 좋아하는 작은 식물이다. 건기에 이 식물은 잎이 바싹 말라 쪼그라들면서 오렌지만 한 갈색 공처럼 변한다. 대사활동은 거의 멈추었다고 할 만큼 느려진다. 이렇게 오그라든 상태에서는 표면적이 극도로 줄어서, 약간의 수분이 공의 중심에 갇힌 채 보존될 수 있다. 이 식물은 이렇게 활동을 중단한 채 때로는 여러 해 동안 휴면상태로 지내기도 한다. 그러다가 빗방울이 떨어지기 시작하면 부활초 주변의 땅이 젖어든다. 말라붙은 몸에 물이 흡수되기 시작하면, 대사활동이 재개된다. 몇 시간이 지나지 않아 오그라들었던 갈색 잎들에 물이 들어차면서 부풀어올라 펼쳐지기 시작하고, 이윽고 지름이 30센티미터에 이르는 짙은 녹색의

(a)

(b)

넓게 펼쳐진 로제트 모양이 된다. 이 식물의 친척들인 거대한 석송들은 3억 년 전 육지를 지배했지만 멸종한 지 오래이며, 지금은 놀라운 부활초만이 살고 있다.

부활초가 속한 석송류는 살아 있는 가장 오래된 관다발식물로서, 실루리아기에 연안 서식지에서 자라던 최초의 식물과 그리 다르지 않은 모습이다. 부활초는 복잡한 모양의 꽃도, 씨도, 꽃가루도 만들지 않으며, 대신에 포자를 만든다. 그리고 잎의 잎살 층은 겨우 세포 몇 개의 두께에 불과하다.

속씨식물 중에도 마찬가지로 '부활'이 가능한 식물이 있다.

바로 송로옥(*Blossfeldia liliputiana*)이다. 스위프트의 명작 소설에 나오는 걸리버가 마주친 소인족에게 어울리는, 선인장 중에서 가장 작은 종이다. 줄기가 녹회색인 이 작은 식물은 지름이 기껏해야 2센티미터에 불과하며, 볼리비아 남부와 아르헨티나 남서부를 비롯한 안데스 산맥 동편의 건조한 서식지에 꽤 널리 퍼져 있다. 바위 틈새에서 자라며, 물이 부족해져서 마를 때는 통통하던 몸이 쪼그라들어서 거의 납작한 원반처럼 변한다. 다른 선인장들과 달리 송로옥은 기공이 거의 완전히 없으며, 대신에 표면에 살짝 움푹한 가시자리 구멍(areolar pit)을 통해서 호흡을 한다. 이 구멍은 본래 선인장의 가시가 자라는 곳이다. 송로옥은 지구의 모든 광합성 식물 중에서 기공이 가장 적은 식물이며, 이 형질은 극단적인 생활전략에 맞추어 진화한 것이 분명하다. 송로옥만이 가진 또 하나의 형질은 두꺼운 바깥 세포벽이 전혀 없어서 다른 선인장들처럼 물을 간직하지 못하며, 대

위 **부활초**

(a) 이 식물은 완전히 말라붙을 수 있을 뿐 아니라, 여러 해 동안 그 상태로 있다가도 다시 기적처럼 살아날 수 있다.

(b) 비가 내리면 이 식물은 24시간 안에 비늘 같은 납작한 30센티미터 길이의 줄기들을 쫙 펼친다.

다음 **장엄한 사와로 선인장**

이 선인장은 사막 식물들 중에서 가장 쉽게 알아볼 수 있다.

신에 몸이 완전히 마르도록 놓아둔다는 것이다. 이 식물은 탈수된 상태에서 여러 달을 기다릴 수 있다. 비가 내리면 세포 안에 물이 채워져서 다시 부풀어오르며, 몇 주일 사이에 섬세하고 아름다운 하얀 꽃을 피울 수 있다.

다른 식물들은 몸이 마르면, 세포가 쪼그라들어서 영구히 회복이 불가능하다. 따라서 극도의 열기와 가뭄에 맞서 살아가려면 특수한 세포기관에 소중한 물을 저장하는 방법을 터득하는 것이 중요하다. 선인장과의 일부 종은 이런 적응의 가장 탁월한 사례들이며, 아시아와 아프리카에서 사는 버들선인장(mistletoe cactus)의 한 종만 빼면, 전부 아메리카의 사막에서 산다. 멕시코 관목지대에서 자라는 텔로칵투스속(Thelocactus)의 여러 선인장들은 금호선인장에서 볼 수 있는 팽창이 가능한 주름과 비슷한 작용을 하는 혹(tubercle)이라는 구조물을 가지고 있다. 표면을 뒤덮고 있는 원뿔 모양의 이 돌기들 덕분에, 식물은 표피가 터지지 않으면서도 팽창과 수축을 할 수 있다. 마찬가지로 멕시코에서 자라는 용옥(Stenocactus crispatus)은 기이한 녹색의 산호처럼 능선이 구불구불하게 뻗어 있으면서 깊이 주름이 나 있다. 혹과 물결 모양의 능선은 선인장의 표면적을 늘림으로써 물 손실의 위험을 지나치게 가중시키지 않은 채 햇빛을 더 많이 받을 수 있게 한다. 능선이 가장 두드러진 종에서는 선인장 전체에 깊이 5센티미터의 주름이 져 있다. 이것은 직사광선의 열기를 줄이는 방법이기도 하다. 햇살이 능선의 옆으로 와닿을 때 맞은편 부위에는 그늘이 질 것이기 때문이다. 선인장이 햇빛의 강도를 약화시키기 위해서 쓰는 또 한 가지 방법은 줄기를 이용하여 빛을 반사하는 것이며, 일부 선인장은 몸 전체를 햇빛 차단제 역할을 하는 가루로 뒤덮는 방식을 쓰기도 한다. 필로소케레우스 파키클라두스(Pilosocereus pachycladus) 같은 종은 전체가 가루로 뒤덮여서 아름다운 하늘색을 띤다.

식물이 받는 햇빛의 양을 줄이는 또 한 가지 방법은 아예 햇빛을 피하는 것이다. 즉 평생을 몸 전체 혹은 적어도 몸의 일부를 지하에 둔 채로 살아가는 것이다. 반지중(半地中) 생활을 함으로써 식물은 몸을 서늘한 상태로 유지할 수 있고, 바짝 말라붙게 하는 강렬한 햇빛에 노출되는 표면적을 줄인다. 별 모양의 다육질 혹의 끝부분만을 땅 위로 내밀고 몸의 나머지 부분은 흙 속에 묻은 채 살아가도록 진화한 암목단속(Ariocarpus)의 가시 없고 느리게 자라는 선인장이 대표적인 사례이다. 석류풀과의 오십령옥속(Fenestraria)의 다육식물은 녹색의 통

모양으로 자라는데, 꼭대기만 지상에 드러나 있을 뿐 나머지는 땅속에 있다. 각 통의 꼭대기는 편평하며 반투명한 조직으로 이루어져 있다. 이 편평한 부위는 마치 카메라 렌즈처럼 작용하여 식물이 광합성을 위해서 흡수하는 햇빛의 양을 조절한다. 브라질과 칠레의 사막에서는 땅을 뒤덮고 있는 반투명한 석영 암석을 뚫고 들어갈 만큼 햇빛이 강하다. 옥배화(Discocactus horstii)라는 멸종 위기종은 이 점을 이용한다. 이 식물은 돌들에 몸이 완전히 뒤덮인 상태에서도 광합성을 하는 데에 필요한 태양 에너지를 충분히 흡수할 수 있다. 이 식물은 박각시나방을 꾀기 위해서 흰 꽃을 피울 때에만 땅 위로 모습을 드러내곤 한다.

사람들은 대부분의 선인장을 감싸고 있는, 잎이 변형되어 생긴 난공불락의 날카로운 가시들이 오로지 몸을 보호하기 위한 것이라고 잘못 생각하곤 하는데, 사실 이 가시들은 식물의 온도와 수분 함량을 조절하는 중요한 역할도 한다. 수염선인장(whisker cactus)이라고도 불리는 상제각(Pachycereus schottii) 같은 종에서는 가시들이 빽빽하게 모여 자라서 줄기에 그늘을 드리우면서 단열 매트를 형성하고, 식물 가까이에 수분을 가둠으로써 증산작용을 통한 물 손실을 줄인다. 마밀라리아속(Mammillaria) 선인장의 많은 종들에서는 이 빽빽한 가시들이 더욱 진화하여 양털 더미처럼 식물의 가시 자리를 둘러쌈으로써 식물의 줄기 가까이에 습한 환경을 조성한다. 또 이 털처럼 생긴 가시들은 꽃이 피었을 때, 섬세한 꽃이 말라버리거나 굶주린 포식자가 먹어치우지 못하게 보호하는 역할도 한다. 가장 극단적인 사례에서는 가시 매트가 줄기를 매우 빽빽하게 뒤덮어서 그 속에 자체적으로 미시 기후(microclimate)를 조성한다. 낮에 강한 열기에 휩싸여 있을 때에도, 이 매트 덕분에 식물 주위는 습하고 비교적 시원하게 공기가 유지됨으로써, 물 손실을 막는 효율적인 경계층이 조성된다. 산들바람에 실려오는 연안의 안개만이 유일한 물 공급원인 몇몇 사막에서는 선인장 가시가 안개 포획기 역할을 할 수 있다. 칠레의 에리오시케 파우키코스타타(Eriosyce paucicostata) 선인장의 바늘 같은 가시의 표면을 주사전자 현미경으로 확대해보면, 매끄럽지 않으며 실제로는 미세한 주름과 거친 통로가 가득하다. 이 거친 표면은 공기 중에 떠다니는 미세한 물방울을 포획하는 역할을 한다. 물방울은 충분히 모이면 땅으로 떨어지고, 식물의 얕은 뿌리가 그것을 흡수한다. 심지어 에울리크니아속(Eulychnia)의 종을 비롯한 일부 선인장들의 가늘고 길게 뻗은 가시에서

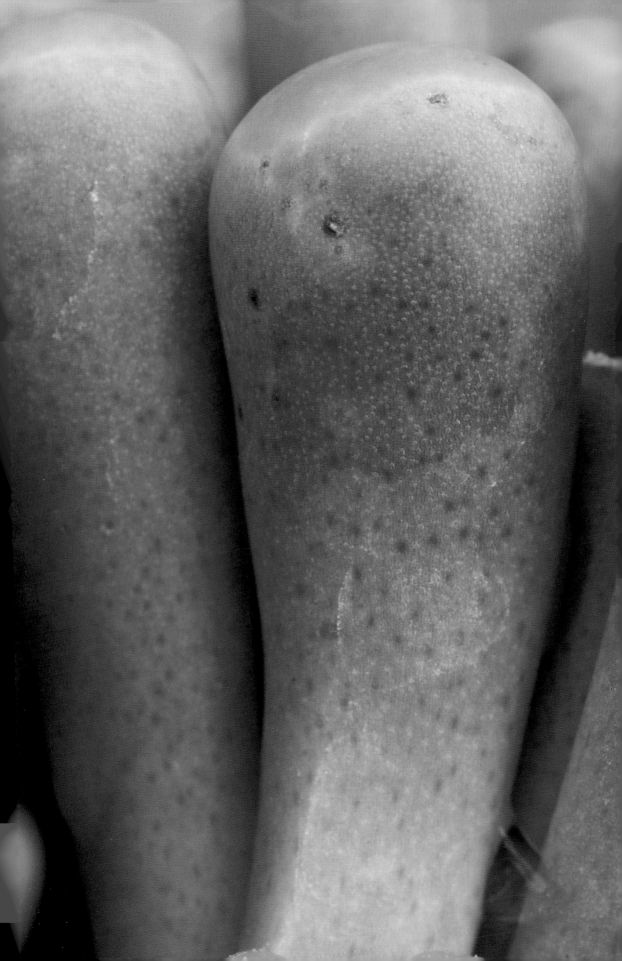

맞은편 오십령옥

이 식물의 다육질 잎은 위쪽이 렌즈처럼 흡수하는 빛의 양을 조절하는 역할을 하는 투명한 조직으로 이루어져 있다.

는 지의류가 자라며, 이 지의류는 안개 속의 수분을 모으는 일을 돕는다. 아타카마 사막의 연안 지역에서는 이 키 큰 기둥선인장들을 지의류가 담요처럼 두껍게 완전히 뒤덮고 있는 광경을 흔히 볼 수 있다. 아타카마 사막에서 자라는 일부 선인장의 거친 납질의 표면에는 안개에서 포획한 물방울을 식물 아래쪽으로 보내는 수로처럼 생긴 미세한 구조들이 있다. 별 모양의 난봉옥(*Astrophytum myriostigma*)과 성게 모양의 흑왕환(*Copiapoa cinerea*) 같은 식물들은 몸 전체가 이런 식으로 뒤덮여 있으며, 물이라고는 전혀 없어 보이는 땅에서 보이지 않게 물을 모은다.

건생식물은 물이 거의 없는 환경에서도 물을 포획하고 저장할 수 있기 때문에, 건조지대에서 살아가는 목마른 다양한 동물들의 표적이 된다. 사막의 식물들은 온갖 초식동물들에게 먹이와 물을 제공한다. 수백만 년에 걸쳐 진화하면서 이 식물들은 다양한 방어 메커니즘을 개발해왔다. 건조지대의 식물 중에서 가장 절묘한 종은 지나가는 초식동물이 알아차리지 못할 만큼 적절하게 몸을 위장한 채 살아가는 작은 것들이다. 리톱스속(*Lithops*)의 작은 선인장들이 바로 이 전략을 채택했다. 이들은 남아프리카와 나미비아의 저지대부터 산맥에 이르기까지 널리 분포한다. '돌'이라는 뜻의 그리스어 리토스(lithos)와 '얼굴'이라는 뜻의 옵스(ops)에서 유래한 이름을 가진, 이 공 모양의 키 작은 식물은 밑동이 융합된 두 개의 다육질 잎 형태로 자란다. 무리지어 자라는 모습이 마치 납작한 조약돌 같아서 주위의 돌들과 잘 어울림으로써 초식동물의 눈을 피한다. 리톱스는 전 세계의 수집가들이 매우 탐을 내는 식물이며, 자신들이 흉내내는 각지의 토양에 걸맞은 온갖 색깔과 무늬를 가진다. 청회색 잎은 석영암 돌조각과 잘 어울리며, 녹색과 검은색의 반점이 있는 잎은 자갈 사이에서는 잘 드러나지 않으며, 오렌지색과 갈색의 무늬는 모래땅에서 몸을 숨기는 데에 도움을 주고, 거의 흰색을 띤 것은 소금사막에 딱 들어맞는다. 이들은 부드러운 한 쌍의 잎 사이가 갈라지면서 아름다운 꽃 한 송이가 피어나는 여름의 우기에만 경관에 자신의 존재를 드러내곤 한다.

좀더 큰 사막 식물 중에도 위장술을 이용하여 초식동물로부터 몸을 숨기는 것들이 있다. 몇몇 소수의 선인장은 이미 다른 동물에게 먹힌 것처럼 보임으로써 초식동물을 피하는 창의적인 방법을 사용한다. 그들은 배설물로 위장한다. 라마처럼 생긴 굶주린 과나코(*Lama guanicoe*), 목도리페커리(*Pecari tajacu*), 도입된 염소 떼는 칠레에서 이 식물들의 다육질 줄기를 손쉽게 벗겨 먹음으로써 이들에 위협을 가한다. 그러나 코피아포아 라우이(*Copiapoa laui*)라는 한 종은 유달리 맛이 없어 보이는 모습을 띠는 방식으로 진화했다. 지름이 약 1센티미터인 이 식물은 가시가 없고 납작하고 거무스름한 원반 모양이며 한데 모여 자라는데, 언뜻 보면 포유동물의 배설물이 흩어져 있는 듯하다. 치후안후안 사막에서 자라는 오우옥(*Lophophora williamsii*)이라는 선인장도 같은 방법을 쓴다. 지름이 약 7센티미터인 이 식물의 줄기는 때로 납작해져서 몇 센티미터로 쪼그라들곤 하며, 서로 겹쳐 자라면서 마치 포유동물의 커다란 똥 더미처럼 특이한 모습을 취한다. 그러나 오우옥은 좀더 크다는 점 때문에 더 강력한 방어체계를 개발해야 했다. 이 식물의 낮게 웅크린 줄기에는 매우 유독한 화학물질이 가득하다. 많을 때는 60가지나 되는 알칼로이드가 들어 있다. 그 결과 초식동물에게는 몹시 쓰고 맛이 없다. 그래서 어떤 동물도 이 식물을 먹으려고 하지 않는다. 그러나 이 식물의 강한 독소를 섭취한 사람에게는 더욱 극단적인 효과가 나타난다. 주요 알칼로이드가 강력한 정신작용제인 메스칼린(mescaline)이기 때문이다. 오우옥과 그 친척 종들에 강력한 환각성이 있다는 사실은 수천 년 전부터 알려져 있었다. 텍사스에서 나온 고고학적 증거들은 아메리카 남서부의 원주민들이 약 5,200년 전 고대기(Archaic period) 중반에 이미 이 식물을 이용했음을 시사한다. 이 식물은 페요테(peyote)라고도 하는데, 나후아틀족의 페요텔(peyotel) 또는 페이오틀(peiotl)이라는 단어에서 파생된 말이다. 아메리카 원주민 부족들은 이 식물이 당뇨병, 열병, 출산할 때의 진통에 효과가 있다고 생각했다. 멕시코의 우이촐족은 '신성한 페요테'가 신의 선물이라고 믿어왔으며, 이 선인장의 환각 효과가 일으키는 압도적인 영적 체험은 그들의 종교 신앙과 철학에 깊은 영향을 미쳤다. 더 최근 들어서는 앨런 긴스버그부터 올더스 헉슬리에 이르기까지 한 세대의 음악가, 작가, 시인 전체가 오우옥의 화학물질이 주는 강력한 마약 효과에 취한 상태에서 작품을 썼다.

건조한 환경에서 자라는 선인장과 다육식물이 쓰는 가장 확실한 보호수단은 크고 작은 온갖 형태의 가시로 구축한 난공불락의 방벽이다. 이 날카로운 목질의 돌기들은 물 손실을 줄이기 위해서 잎이 점점 더 작아지는 쪽으로 적응한 결과이다. 작은 잎은 큰 잎보다 물 손실이 적으며, 수백만 년에 걸쳐 점점 더 작은 잎이 선택되면서 진화한 결과, 잎은 날카롭고 뾰족해졌다. 그 자리에 서서히 탄산칼슘과 펙틴(pectin)이 들어차면서 단단하고 딱딱해졌다. 이윽고 선인장의 두꺼운 줄기가 잎을 대신하여 광합성을 담당하게되었고, 본업에서 해방된 잎은 오늘날 우리가 보는바늘 모양의 가시로 변형될 수 있었다. 선인장 가시의발달과정 중 초기의 단계들을 살펴보면, 이 점진적인변화의 증거를 찾을 수 있다. 이 단계들에서는 선인장의 가시도 다른 식물들의 초기 잎 발달단계들과 거의 똑같아 보인다. 즉 선인장 가시도 겨드랑눈의 분열조직에서 만들어진다. 이렇게 기원은 같지만, 선인장의 가시는 잎과 닮은 구석이 전혀 없다. 물관도 체

위 **사막의 생존자**

사막 바닥에 말라붙고 뒤틀린 웰위치아 미라빌리스는 건강해 보이지는 않지만, 사실 이런 모습으로 2,000년까지도 살 수 있다.

관도 기공도 엽록체도 없으며, 성숙하면 가시를 이루는 세포들은 죽는다.

아프리카 전역의 건조한 서식지에서도 가시투성이 사막 식물들이 많이 번성하고 있지만, 이 식물들의 가시는 다른 방식으로 진화했다. 예를 들면, 마다가스카르에서 자라는 대극과의 식물인 분염룡(*Euphorbia neohumbertii*)은 비슷한 환경조건에서 진화한 결과, 아메리카 대륙의 선인장과 아주 비슷한 형태를 띠게 되었다. 즉 가시로 뒤덮여 있으면서 높이 자라는 물을 저장하는 녹색의 줄기를 가진다. 문외한의 눈에는 선인장과 똑같아 보인다. 그러나 대극속(*Euphorbia*)과 그친척들의 가시는 잎이 아니라 싹이 변형된 것이며, 선인장의 가시는 갈라져서 가지를 뻗지 않고 모여 나며 매끄러운 반면에, 대극속의 가시는 모여 나지 않고 하나씩 떨어져서 나며, 때로 가지를 치면서 작은 비늘 같은 잎이 달리기도 한다. 선인장이 본질적으로 잎이 없이 물을 저장하는 줄기라고 한다면, 그것의 분신인 분염룡은 줄기가 거의 없이 물을 저장하는 거대한 잎이다. 이 서로 유연관계가 없는 식물들이 수천 킬로미터나 떨어진 곳에서 독자적으로 놀라우리만치 비슷한모습으로 진화한 것은 수렴 진화(convergent evolution)라는 현상의 산물이다. 그

위 안개를 마시다
별선인장속(*Astrophytum*)의 이 종
은 거친 표면으로 공중의 미세한
물방울을 포획하여 홈을 따라 아
래로 흘려보낸다.

리고 서식지는 다르지만 비슷한 환경 제약에 적응한 건조지
대의 많은 식물들에서도 수렴 진화가 일어났다. 실제로 아프
리카의 알로에와 남아메리카의 용설란에서는 둘 다 로제트
형태로 배열된 단단한 섬유질의 창처럼 생긴 잎이 진화했다.

남아프리카의 석류풀과와 멕시코의 암목단속 선인장은 둘 다 서늘한 상태를 유
지하기 위해서 작은 다육질의 몸을 땅속에 묻는 방향으로 진화했다. 마찬가지
로 남아프리카 이스턴케이프의 에우포르비아 오베사(*Euphorbia obesa*)와 텍사스
의 투구(*Astrophytum asterias*)는 똑같이 원형에 가까운 팔각형 형태로 진화했다.

어떤 방식으로 만들어지든 간에, 건조지대에서 사는 식물들의 보호 가시는
모양, 수, 기능이 천차만별이기 때문에, 혼란스러울 정도로 다양한 양상을 띤
다. 낚시선인장(fishhook cactus)이라고 하는 마밀라리아 포셀게리(*Mammillaria
poselgeri*) 같은 몇몇 선인장은 긴 갈고리 모양의 가시가 있다. 이 가시는 한 번
갈고리에 걸린 초식동물에게 다시는 먹을 생각도 하지 말라고 '가르치는' 듯하
다. 아카시아 멜리페라(*Acacia mellifera*)의 양방향으로 나 있는 가시들도 비슷한

효과를 낸다. 가까이 다가온 초식동물은 이 가시들에 털이 엉킨다. 칠레에서 자라는 트리코케레우스 킬로엔시스(*Trichocereus chiloensis*)의 가시는 가장 긴 것이 무려 25센티미터까지 자라기도 하며, 테프로칵투스 파이디오필루스(*Tephrocactus paediophilus*)의 가시는 식물 자체보다 2-3배 더 길게 자라며 얇고 칼날처럼 예리하다. 더 흔한 형태는 줄기에서 왕관 모양으로 다발을 이루어 겨우 몇 센티미터 길이로 나는 것들이다. 이 가시 다발은 길고 성기게 날 수도 있고, 짤막하고 무성하게 자랄 수도 있다. 더 원시적인 형태의 몇몇 선인장은 꽃까지 가시로 뒤덮어서 추가적인 방어조치를 취한다. 스클레로칵투스 파피라칸투스(*Sclerocactus papyracanthus*)처럼 가시로 위장술까지 쓰도록 적응한 선인장도 있다. 이 종의 5센티미터 길이의 날카로운 가시는 마른 갈색 풀처럼 보여서 다육질의 녹색 몸을 초식동물로부터 감추도록 진화했다. 또 선인장은 미늘가시(glochid)라는 미세하면서 고도의 기능을 발휘하는 가시도 만드는데, 부채선인장속(*Opuntia*)의 종들에서 흔히 볼 수 있다. 이 작은 가시는 현미경으로 보면 끝에 미늘이 달려 있어서, 박히면 빼내기가 유달리 어렵다.

세계의 건조한 경관에서 자라는 내건성 식물들이 물을 보존하고 원치 않는 동물의 접근을 막는 데에 뛰어나기는 하지만, 이 움직이지 못하는 사막 거주자가 꽃가루 매개자를 꾀는 꽃을 피움으로써 스스로 건조에 취약한 상태가 되어야 하는 시기가 있다. 모든 건생식물로서는 꽃을 피운다는 것이 값비싼 모험이다. 꽃은 극단적인 열기에 마르기 쉽고 물을 잃기 쉬운, 상대적으로 섬세한 구조이기 때문이다. 세계의 온대와 열대 지역에서는 현화식물이 1년 내내 꽃을 피울 수 있지만, 건조지대의 식물은 자원을 더 아껴야 한다. 긴 개화기를 가지는 대신에, 최적의 조건이 형성될 때를 기다렸다가 그때에만 꽃을 피우는 것이 훨씬 더 경제적이다. 알맞은 조건이 갖춰질 때까지 기다리는 이 능력 덕분에 많은 식물들은 건조지대에서도 살아갈 수 있다.

툭손 사막 같은 진정한 사막에서는 꽃을 피울 기회가 10년에 1번꼴로 드물게 찾아오며, 겨울비가 꽤 많이 내린 뒤에 온화한 여름 기후가 찾아와야만 경관이 원색의 꽃들로 가득해진다. 이런 조건이 형성될 때, 노란색과 주황색의 금영화(*Eschscholzia californica*), 창촉처럼 생긴 루피너스, 짙은 자주색의 카스틸레야 엑세르타(*Castilleja exserta*)가 만발하여 사막을 경이로운 온갖 색깔로 물들인다.

카자흐스탄 서부의 반건조 저지대 스텝 지역에
서도 4월이면 같은 광경을 볼 수 있다. 적은 양
의 비가 내리고 나면 메마른 갈색의 땅은 무성한
초록색으로 바뀌고, 경관은 노란색, 보라색, 흰
색, 빨간색의 현란한 튤립으로 뒤덮인다. 그러나
화려한 색깔로 뒤덮인 지 몇 달이 지나면, 풀밭은 다시금 메마른 바람에 황량해
진다.

중앙 아메리카에서 자라는 용과(*Hylocereus undatus*), 이른바 '밤의 여왕(queen
of the night)'은 1년에 단 하룻밤만 꽃을 피운다. 이 덩굴성 선인장은 다육질의 관
들이 비틀리면서 뒤엉킨 듯한 모양이다. 각 관의 지름은 몇 센티미터로서, 바위든
다른 식물의 가지든 마주치면 그 위로 올라타서 자리를 잡은 뒤 아래로 늘어지
면서 자란다. 그러나 이 종은 아마도 선인장과에서 가장 절묘한 식물일 것이다.
이 식물이 자라는 열대 낙엽수림의 기온은 여름에 무려 40도까지 올라가기도 하
는데, 이 선인장은 이런 낮에는 대체로 활동하지 않는다. 해마다 늦봄이 되면 뻗
어나가던 덩굴에서 작은 돌기가 만들어지기 시작하며, 이 돌기는 여러 주에 걸쳐
길게 자란다. 그리고 한여름이 되면 길이가 20센티미터쯤 되는 창 모양의 녹색 꽃
봉오리가 된다. 그런 뒤 식물은 보름달이 뜰 때를 기다린다. 그리고 보름달이 뜨
면 꽃이 피면서 경이로운 아름다움을 과시한다. 해가 지고 달빛이 비치면, 꽃봉오
리가 움직이기 시작한다. 꽃봉오리 끝에서 노란 수술의 끈적거리는 끝 부분이 서
서히 뻗어나오고, 꽃가루로 덮인 꽃밥이 곧바로 모습을 드러낸다. 이어서 두 시
간에 걸쳐 다육질의 녹색 걸쇠 같은 꽃덮개와 꽃턱잎이 벗겨지기 시작하면서 꽃
봉오리가 서서히 벌어지고, 크림색의 꽃잎이 펼쳐지면서 아름다운 자태를 드러낸
다. 꽃이 벌어지면 달콤한 향기가 풍겨나오고, 박각시나방과 꿀을 먹는 박쥐가
냄새 기둥을 따라 날아온다. 날아오는 그들에게 지름이 30센티미터에 이르는 이
장엄한 꽃은 달빛에 빛을 발하는 듯한 모습으로, 꿀을 먹으라고 꽃가루 매개자
들을 유혹한다. 몇 시간 뒤, 이 밤에 피는 꽃은 다시 오므라들기 시작하며, 아침
햇살이 비칠 무렵이면 이미 시들어 죽는다. 그러나 꽃이 시드는 것조차 이 식물
에게는 생존전략의 일환이다. 오므라든 꽃잎이 중요한 수분을 안에 가두면서 막
수정된 씨를 에워싸는 방벽을 형성하기 때문이다. 단 하룻밤만 피는 꽃을 만드

위 밤의 여왕

황홀한 향기를 풍기는 이 쟁반만
한 꽃은 1년에 단 하루만 핀다.

는 용과의 전략은 대단한 성공을 거두었다.

용설란(*Agave americana*)은 백년식물(century plant)로 더 잘 알려져 있는데, 멕시코의 자생지에서 이 식물을 처음 발견한 사람들이 이 꽃이 100년에 한 번 핀다고 믿었기 때문이다. 지금은 그보다 더 자주 꽃을 피운다는 사실이 알려졌지만, 이름은 그대로 남아 있다. 이 커다란 다육식물의 가루로 덮인 푸른 잎은 가장자리가 톱니처럼 생겼고, 모여 나면서 높이 2미터, 폭 4미터에 이르는 넓은 로제트를 형성한다. 건조지대의 혹독한 조건에서 살아남도록 진화한 많은 식물들처럼 용설란도 아주 느리게 자라며, 자라면서 단단한 몸 속에 당분과 녹말 같은 양분을 저장한다. 같은 서식지에서 살아가는 식물들이 꽃을 피우고 죽는 생활사를 되풀이하는 동안, 용설란은 한결같이 자리를 지키고 있다. 30년이 넘는 세월에 걸쳐, 용설란은 속에 조금씩 에너지를 저장하면서 서서히 커질 것이다.

때로는 60년까지도 걸리는 기나긴 세월에 걸쳐 모은 에너지가 이윽고 충분해졌을 때, 용설란은 저장된 탄수화물을 동원하여 꽃대를 만들기 시작한다. 그동안 거의 정체되다시피 했던 용설란의 대사활동은 이 시점부터 폭주하기 시작한다.

꽃대는 넓은 잎들이 모여 나는 한가운데에서 올라와서 하루에 25센티미터까지도 쑥쑥 올라온다. 거대한 아스파라거스 줄기와 비슷한 용설란 꽃대는 무려 8미터까지 솟아오른 뒤, 여러 갈래로 갈라지면서 꽃봉오리들로 빽빽하게 뒤덮인 지름이 1미터에 달하는 구조를 형성한다. 약 2주일에 걸쳐 꽃대는 강한 향기를 풍기는 연노란색의 꽃들을 수만 송이나 피울 것이다. 이 꽃들은 밤에 먹이를 찾아 돌아다니는 박쥐들에게 등대 역할을 한다. 꽃 하나하나에서는 용설란이 평생에 걸쳐 저장한 에너지를 이용하여 만든 많은 양의 꿀이 나온다. 그래서 충분할 정도로 많은 꽃가루 매개자들을 끌어들일 수 있다. 그러나 용설란의 수십 년에 걸친 인내력이 무엇을 위한 것인지는 꽃을 피운 뒤에야 명확해진다. 꽃 무더기에서 수천 개의 씨가 다 익어서 바람에 흩어지고 나면, 꽃대는 죽어 쓰러지고, 용설란 자체도 시들기 시작한다. 유전자를 퍼뜨리기 위해서 꽃대를 높이 내밀자마자, 용설란 자체의 대사활동은 느려지고 시들어 죽어가기 시작한다. 용설란은 말 그대로 꽃이 피면 죽는다. 그러나 수천 개의 씨들 중에서 적어도 하나는 발아에 성공할 것이다.

극단으로 내몰리다

건조지대의 혹독한 조건에서 살고 번식할 수 있는 특수한 적응형질을 갖춘 다양한 식물들은 수십만 년에 걸친 자연선택을 통해서 세밀하게 조정을 거친 산물들이다. 이 서식지의 조건이 더 극단적인 상태가 되면, 그곳에서 살아가는 식물체도 더 극단적으로 진화함으로써 대응한다. 그러나 역사적으로 인류의 활동은 자연의 균형을 깨뜨리는 경향을 보여왔으며, 그 결과 오늘날 많은 식물들은 '인위적인 극단'으로 내몰리고 있다.

아마 가장 최악의 상황으로 내몰리고 있는 것은 섬에 살고 있는 식물들일 것이다. 공간은 한정되어 있는데 인구는 계속 늘어나므로, 식량과 자원을 얻기 위해서 자연 식생을 없애게 되고, 그 결과 식량과 자원이 증가하여 인구 성장은 더욱 가속되며, 늘어난 인구는 더욱 많은 자원을 요구하는 악순환이 이어진다. 섬의 종은 그 독특한 서식지의 매우 특수한 조건들에 맞추어 진화해왔기 때문에 특히 취약하다. 갑작스러운 변화로 섬 생태계가 균형을 잃고 교란되기 쉽기 때문

이 다양한 구조들은 초식동물을 막아주는 한편으로 온도를 조절하고 수분을 모으는 일도 한다.

이다. 섬의 종들은 서식지가 바뀌어 위험에 빠졌을 때, 달리 갈 곳이 없다. 인도양의 모리셔스 섬에서 도도는 수백만 년 동안 행복하게 살고 있었다. 도도의 개체 수는 경쟁과 질병이라는 자연력을 통해서 적절한 수준을 유지해왔다. 그러나 1600년대 초에 인간이 들어와 정착하면서 상황이 바뀌었다. 도도는 인간이 들여온 개와 고양이를 피해 달아날 수 없었고, 마찬가지로 인간이 들여온 돼지와 마카쿠원숭이는 땅에 만들어진 그들의 둥지를 없애버렸다. 곧 도도는 멸종했다. 마다가스카르와 보르네오 섬, 인도네시아와 필리핀의 섬들에 존재하는 독특한 생물 다양성에도, 다양성이 풍부한 전 세계의 비슷한 지역들에서도 현재 같은 일들이 벌어지고 있다. 우림에서 산맥에 이르기까지, 지구의 최근 역사상 그 어느 때보다도 급격하게 세계 전역에서 종의 다양성과 개체 수가 줄어들고 있다는 증거를 찾을 수 있다. 그러나 다행히도 지구의 거의 모든 환경에 사는 동식물들을 세심하게 연구하는 일에 헌신하는 사람들이 있으며, 그들은 우리 행성의 상태를 시시각각 살펴볼 수 있는, 가치를 이루 헤아릴 수 없는 자원을 제공한다.

큐 왕립 식물원의 표본관은 그런 자원 중 하나이다. 1759년에 처음 설립된 이래로 큐는 식물학과 발견의 최전선에 있었으며, 표본관은 그 사실을 증언한다. 표본관은 1853년에 국내외에서 식물학자들과 원예학자들이 채집한 식물과 균류를 건조시킨 표본들을 보관하기 위해서 지어졌다. 19세기에 대영제국이 급속히 팽창할 때, 표본관의 표본도 급증했다. 오늘날 표본관의 직원들은 전 세계에서 오는 연간 5만 점이 넘는 표본들을 처리하고 있으며, 표본관에서 보관 중인 표본은 현재 총 700만 점이 넘는다. 이 표본관은 세계 최대의 식물 자료보관소이며, 더 중요한 점은 지구 식물들의 미래를 지킬 핵심 병기라는 것이다. 서식지와 분포 상태 등이 상세히 기재되어 있는 표본들로 이루어진 이 독특한 자료은행은 전 세계 식물의 건강 상태를 주시하는 데에 핵심적인 역할을 한다.

이곳에 소장된 표본들이 지구 보전의 도구로서 얼마나 중요한지는 마스카렌 제도의 로드리게스 섬에서 자라는 꼭두서닛과의 식물인 라모스마니아 로드리구에시(*Ramosmania rodriguesii*)의 사례가 잘 보여준다. 모리셔스 섬과 로드리게스 섬을 포함하는 마스카렌 제도에서는 지리적으로 격리되어 있던 오랜 세월 동안

세계 최대의 식물 자료관인 동시에, 식물 보전에 핵심적인 역할을 하고 있다.

독특하고 흥미로운 수많은 동식물 종들이 진화했다. 그러나 1638년 유럽 이주자들이 들어온 이래로, 서식지가 파괴되고 외래종이 유입되면서 고유종들은 서서히 사라져갔다. 제도에서 가장 작은 로드리게스 섬에서는 식물 8종이 이미 사라졌고, 남은 38종 중에서 21종이 멸종 위기종 목록에 올라 있다. 라모스마니아 로드리구에시도 그중 하나이다. 키가 2-4미터에 이르며 납질의 잎이 무성하게 달리고 꽃잎이 5개로 갈라진 하얀 꽃을 피우는 이 나무는 1874년에 처음 발견되었다. 이 종의 '기준 표본', 즉 종을 구분하는 데에 기준으로 삼는 표본은 큐의 표본관으로 보내져서 학명이 붙여지고 보관되고 목록에 기입되었다. 그러나 1877년 섬에 들른 한 유럽인이 이 식물을 엉성하게 그린 그림 한 점을 빼면, 수십 년 동안 이 종을 보았거나 보았다는 말을 들은 사람은 거의 없었고, 도입된 돼지와 염소의 수가 늘면서 그나마 있던 식물의 수도 줄어들기 시작했다. 20세기 중반이 되자 사람들은 이 식물이 멸종했을 것이라고 추측했다. 그러다가 1979년 섬의 희귀식물들을 찾는 학교 동호회 활동을 하던 헤들리 매년이라는 학생이 1877년에 그려진 그림에서 보았던 것과 똑같아 보이는 식물 한 그루를 발견했다. 곧 그 관목의 가지가 하나 큐 식물원으로 보내졌고, 식물원의 표본관에 소장된 표

맞은편 살아 있는 죽음

라모스마니아의 생존 이야기는 큐 같은 기관이 지구의 종 보전에 얼마나 중요한 역할을 하는지를 잘 보여주는 사례이다.

본과 비교한 결과, 정말로 같은 종임이 드러났다. 식물학자와 보전론자 모두에게 엄청난 희소식이었다. 섬에 라모스마니아를 다시 증식시킬 수 있다는 희망이 보였기 때문이다. 그러나 종 전체의 운명이 이 한 그루에 달려 있었기 때문에, 과학자들과 원예학자들은 시급히 조치를 취해야 했다. 세계자연보전연맹과 모리셔스 삼림청의 도움으로 식물의 가지가 다시 큐 식물원으로 보내졌고, 그곳의 온대 묘목장에서는 이 가지를 증식시키는 데에 성공하여 유전적으로 동일한 나무 수십 그루로 불릴 수 있었다.

증식시킨 나무들은 빠르게 자랐고, 곧 하얀 꽃을 피우기 시작했다. 그러나 무수히 시도를 했지만 꽃가루받이가 이루어지지 않았다. 따라서 이 식물은 씨를 맺을 수가 없었다. 큐의 원예학자들은 최악의 상황을 상정하기 시작했다. 모든 증거들이 이 가지를 얻은 그 섬의 마지막으로 남은 개체가 불임임을 가리키고 있었기 때문이다. 단 한 개체만이 살아남았으므로, 원예학자들은 다른 개체가 어떠할지를 도저히 알 수 없었다. 이 식물이 암나무인지 수나무인지, 양쪽 모두인지 여부도, 어떤 돌연변이가 일어나서 꽃가루받이가 이루어지지 못하는 것인지 여부도 판단이 불가능했다. 수십 년간 큐의 연구자들은 남아 있는 식물로부터 잘라낸 개체들을 계속 증식시키면서 씨를 얻으려고 했지만, 전부 헛수고로 끝났다. 2001년에 연구자들은 그중 몇 개체를 로드리게스 섬으로 보내서 울타리로 둘러싼 곳에 심었다. 그러나 번식이 이루어지지 못한다면, 이 개체들도 결국 사라질 운명이었다. 곧 이 식물에 '살아 있는 죽음(the living dead)'이라는 별명이 붙었다. 비록 가지를 잘라서 심고 다시 이식함으로써 똑같은 클론을 무한정 만들 수는 있지만, 유전자 풀(gene pool)이 아주 작기 때문에 딴꽃가루받이가 이루어지지 않는다면, 어느 한 세균이나 바이러스 질병으로도 개체군 전체가 몰살당할 수 있다. 영국에서 이 식물의 수수께끼를 풀기 위해서 과학적, 식물학적 노력이 계속되는 동안, 로드리게스 섬의 원래 생존자와 다시 이식된 클론들은 더욱 박해를 받

았다. 환경보호주의자들이 이 빈약한 클론들을 원래의 자생지로 들여오는 일에 관심을 쏟자, 지역주민들은 이 식물이 치료효과가 있다고 믿게 되었다. 이 식물들을 보호하기 위해서 울타리를 세웠지만, 사람들은 곧 울타리를 부수고 들어와서 이 식물의 가지를 꺾어갔다. 그들은 이 식물이 숙취 해소와 성병 치료에 효과가 좋다고 믿었다. 결국 마지막 남은 라모스마니아를 안전하게 지키기 위해서 3미터 높이로 삼중 울타리가 세워졌고, 이 식물은 그 안에서 안전하게 갇힌 채, 생존의 열쇠를 가져올 누군가를 기다리고 있었다.

한편 큐에서는 묘목장의 클론 식물들이 계속 꽃을 피웠고, 그에 자극을 받아 카를로스 막달레나라는 원예학자는 상상할 수 있는 모든 방법을 동원하여 꽃가루받이를 시도했다. 그는 계획 책임자인 비스왐바란 사라산과 함께 다양한 방법으로 클론 식물들의 꽃에 딴꽃가루받이를 시도했고, 한 꽃의 암술머리를 잘라내고 다른 꽃의 꽃가루를 직접 묻히는 방법을 되풀이했다. 셀 수도 없이 시도하고 또 시도했지만 언제나 헛수고로 끝났다. 그러다가 2003년 여름, 한 식물의 꽃하나에서 씨방이 조금 부풀어오르는 것이 보였다. 몇 주가 지나자 열매가 하나 맺혔다. 그 안에는 새로운 세대를 이어갈 중요하기 그지없는 씨들이 들어 있었다. 씨가 다 익자, 연구진은 서둘러 큐의 보전생명공학 연구실로 가져가서 심었다. 불행히도 가장 우려하던 상황이 벌어졌다. 어느 씨도 싹이 트지 않았다. 그러나 새싹이 나오지는 않았지만, 열매를 얻음으로써 마지막 라모스마니아가 불임이 아님을 입증하려던 연구진은 필요로 했던 바로 그 증거를 얻은 셈이었다. 암술머리를 자르고 꽃가루를 묻히는 방법을 1,000번 시도하여 1번 성공했기 때문에, 카를로스는 이 한 개체가 열매를 맺도록 한 다른 어떤 요인이 있었던 것이 분명하다고 믿었다. 그 식물을 수정시킬 당시의 모든 조건들을 분석하다가, 그는 영국 남부가 근래에 접하지 못했던 가장 뜨거운 열파에 시달리고 있었을 때에 수정이 이루어졌고, 묘목장 지붕의 차양이 부서져서 햇빛이 그대로 쏟아져 들어왔다는 것을 떠올렸다. 그는 지나친 열기와 햇빛이 열매를 맺도록 촉발시켰을 수 있다고 추론했다. 카를로스는 라모스마니아를 열대 묘목장을 둘러싼 열 파이프 옆의 햇빛이 잘 드는 곳으로 옮겼다. 그러자 놀랍게도 더 많은 식물들이 열매를 맺기 시작했다. 전과 마찬가지로, 열매에서 얻은 씨들은 곧바로 큐의 보전생명공학 연구실로 옮겨졌고, 한 달 뒤 5개의 씨 중 4개가 뿌리를 내리고 싹을 틔웠다.

그토록 오랫동안 기다렸던 다음 세대를 이어갈 생명줄이었다.

카를로스는 새로운 식물들이 자라기 시작하자 계속 지켜보았다. 그는 싹트기 시작한 식물들이 성체 식물과 그 클론들처럼 납질의 무성한 계란형 잎 대신에, 거의 죽은 것처럼 보이는 길쭉한 갈색 잎을 내민다는 사실을 곧 알아차렸다. 그는 우아한 넓은 잎이 달린 열대 나무의 묘목을 증식시키려고 애쓰고 있었는데, 그의 앞에 놓인 식물들은 키 작고 초라한 관목에 더 가까웠다. 몇 주에 걸쳐 묘목이 자라는 모습을 지켜보니, 누더기 같은 갈색 잎이 점점 길어지고 식물의 키가 점점 커질 뿐이었다. 그러다가 키가 1미터쯤 자라자, 마치 기적처럼 잎이 변하기 시작했다. 홀쭉한 잎은 서서히 불룩해졌고, 놀랍게도 다 자라고 나니 라모스마니아임을 쉽게 알아볼 수 있는 녹색 잎이 무성한 나무가 되었다. 이 놀라운 형태 형성은 라모스마니아가 역사적으로 로드리게스육지거북과 솔리테어(solitaire)라는 커다란 새 같은, 지금은 멸종되고 없는 그 섬의 고유 동물들과 맺고 있던 관계의 산물이라고 생각된다. 거북은 눈이 아주 나빠서 자기 서식지에서 가장 눈에 잘 띄는 커다란 녹색 잎을 찾아 먹는다. 따라서 굶주린 거북은 어린 라모스마니아의 홀쭉한 갈색 잎을 지나쳤을 것이고, 나무는 그 초식동물이 고개를 치켜들어도 닿지 않을 만큼 높이 자란 뒤에야 맛이 있는 두꺼운 녹색 잎을 만들기 시작했을 것이다. 아프리카 남부의 사바나와 숲에서 자라는 콩과의 비나무(raintree, *Philenoptera violacea*)도 이형엽성(異型葉性, heterophylly)이라는 이 전략을 쓴다. 비나무는 작은 관목 높이일 때는 초식동물인 영양을 피하기 위해서 회색을 띠고 병든 것처럼 보이다가, 몇 미터 높이로 자라 성숙하면 무성한 녹색의 잎을 내민다.

오늘날 이 새로운 라모스마니아 식물들은 꽃을 피우고 씨를 맺는다. 처음 열매에는 씨가 5개뿐이었지만, 지금은 많으면 85개까지도 들어 있다. 그리고 유전적으로 달라진 새로운 라모스마니아 식물들이 로드리게스 섬에 서서히, 하지만 확실하게 다시 정착하고 있으며, 다시 한번 자생지에서 번성할 수 있다는 희망을 심어준다. 이 식물이 자기 환경에 적응하는 모습은 한편으로 식물이 본래 불굴의 생존 능력을 가지고 있음을 상기시킨다. 다른 한편으로 라모스마니아의 이야기는 전 세계의 식물원과 연구소가 개체 수를 늘리고 중요한 생물 다양성을 유지하는 일을 돕기 위해서 어떤 중요한 일을 하고 있는지를 보여준다.

8

균류의
힘

"지구의 식물 다양성을 구성하는 온갖
형태의 꽃, 잎, 줄기, 덩굴, 열매를 다
합친다고 해도, 균류 세계에 속한
생물들에 비하면 새 발의 피이다."

비록 균류는 식물로 분류되지는 않지만, 균류의 생활은 본질적으로 식물의 성공과 긴밀한 연관을 맺고 있으며, 생명의 진화에 균류가 중요한 역할을 하고 있음을 인정하지 않고서는 식물계를 결코 완전히 이해하지 못할 것이다. 그러나 균류의 숨은 힘은 대개 눈에 띄지 않는다. 생물학에 거의 또는 전혀 관심이 없는 사람도 식물 세계의 한없는 다양성과 끝이 없어 보이는 아름다움을 이해할 수 있으며, 설령 식물이 왜 그런 아름다움과 다양성을 가지는지 이유를 이해하지 못한다고 해도 식물은 인간의 후각과 시각에 매력적으로 다가오고, 따라서 심미적 즐거움을 안겨준다. 반면에 균류라고 하면 식용 버섯, 묘비에서 자라는 지의류 같은 기이하고 노르스름한 생물, 곰팡이, 기괴해 보이는 온갖 독버섯이 떠오른다. 우리는 학교 생활을 시작할 무렵부터 꽃이 아름답고 중요하다고 배우는 반면, 균류는 독성이 있으니 피하라는 말을 듣는다. 그래서 대부분의 사람들은 어른이 되어서도 여전히 그런 오해를 안고서 살아간다. 그러나 이 행성에서 균류는 보이지 않는 곳에서 진정으로 중요한 일을 하고 있다.

지구의 식물 다양성을 구성하는 온갖 형태의 꽃, 잎, 줄기, 덩굴, 열매를 다 합친다고 해도, 균류 세계에 속한 생물들에 비하면 새 발의 피이다. 독자적인 생물계를 이루는 균류는 대단히 다양한 집단들로 이루어지며, 각 집단은 저마다 독특한 모양, 크기, 행동, 삶의 전략을 갖춤으로써 중요하기 그지없는 엄청나게 다양한 생태학적 역할들을 수행한다. 셀룰로오스로 이루어진 식물의 세포벽과 달리, 균류의 세포벽은 키틴질이다. 곤충의 단단한 외골격을 만드는 물질과 같다. 그리고 식물이 녹말 형태로 에너지를 저장하는 반면, 균류는 글리코겐(glycogen) 형태로 에너지를 저장한다. 글리코겐은 동물의 근육세포에 들어 있는 에너지 저장 분자이다. 가장 작은 형태의 균류는 키트리드(chytrid, 항아리곰팡이) 같은 단세포 수생생물이다. 키트리드는 '작은 항아리'를 뜻하는 그리스어 키트리디온(chytridion)에서 유래했다. 가장 큰 형태의 균류는 수 킬로미터까지 펼쳐지면서 한 생태계 전체의 토대를 이루는 복잡한 다세포 생물이다. 지구의 균류는 총 70만 종에서 510만 종 사이로 추산되며, 그들 중 무려 95퍼센트는 아직 발견되지 않았다. 따라서 균류는 식물보다 다양성이 약 6배 더 높다. 그러나 균류가 종종 하찮다고 오해를 받는 한 가지 이유는 엄청나게 많으면서도 자신이 사는 환경에서 거의 눈에 띄지 않기 때문이다. 현화식물이 화려한 특징을 가지게 된 이유와 대조적으로, 균류는 번식할 때 동물에 덜 의존하며, 따라서 현화식물에 맞먹는 수준의 화려한 색깔이나 모양을 가지고 있지 않다. 크고 색깔이 있는 구조물을 만드는 종류도 일부 있지만, 대부분은 회색, 연한 파란색, 크림색, 갈색의 색조를 띠며, 눈에 보이지 않게 숨겨둔 미묘한 구조들로 이루어져 있다. 식물이 가능한 한 경제적으로 많은 햇빛을 흡수하기 위해서 녹색의 커다란 광합성 구조를 가지게 된 반면, 균류는 광합성을 하지 않으므로 우리 눈에 띄는 지상부의 구조물이 비교적 작은 경향이 있다.

그러나 균류에서는 보이지 않는 부분이 가장 놀라운 양상을 띨 때가 종종 있으며, 흙을 파헤치면 균류의 지하생활이라고 할 것이 드러나기 시작한다. 각 버섯의 밑에는 균사(菌絲)라는 면실 같은 가닥들이 그물처럼 뒤엉켜 있고, 균사는 양분을 흡수하는 식물의 뿌리와 비슷한 방식으로 작용한다. 균사는 균류의 번식, 영토 싸움, 경쟁자 제거에 중요한 역할을 한다. 이 가느다란 실들은 함께 모여서 지상부의 자실체(子實體)를 형성할 수도 있다. 우리가 버섯이나 독버섯이라고 말하는 것은 바로 이 자실체로서, 포자를 생산하는 생식구조이다. 균사는 지하에서는 흙 사이로 퍼지면서 균사체라는 그물 같은 매트를 만든다. 균류가 왕성하게 퍼질 수 있는 것은 균사체 덕분이다. 튼튼하고 내성이 강한 균사체 덕분

에, 균류는 남아메리카의 열대림에서 극지방에 이르기까지 전 세계의 모든 서식지에서 번성할 수 있다. 자신들의 섬유망으로 경관 전체를 엮으면서 말이다. 심해에도 아주 작은 극단적인 형태의 균류가 산다. 이들은 해저 열수 분출구에서 손가락처럼 뻗으면서 자란다. 균사체는 토양의 일부를 이루는 식물체 사이로 자라면서, 효소를 분비하여 죽은 식물체와 식물의 뿌리에 있는 화학물질을 분해한 뒤에 빨아들임으로써 양분을 취한다. 균사체는 자기 무게의 3만 배까지 물과 흙을 수용할 수 있고, 생물의 모든 기관 중에서 유기물을 분해하는 효율이 가장 뛰어나다. 따라서 지구의 토양을 생성하고 유지하는 데에 필수적인 역할을 한다. 자라면서 대체로 점점 더 작은 구조로 나뉘고 갈라지는 식물의 뿌리와 달리, 균사체는 자라면서 가지를 치기는 하지만 갈라져나온 가지가 기존 가지에 다시 붙고 융합되면서 뉴런 망처럼 빽빽하게 그물을 형성한다. 그물이 어찌나 치밀한

버섯, 즉 포자를 만드는 자실체라는 기관은 균류의 몸 전체로 보면 작은 부위에 불과하지만, 균류가 있음을 쉽게 알아차릴 수 있게 해준다.

지 토양 16세제곱센티미터 안에 든 균사체를 이으면 무려 13킬로미터에 달한다. 이 그물은 균류가 양분을 흡수하고 기체를 교환하는 드넓게 펼쳐진 여과장치가 된다. 인체의 소장 융모나 허파꽈리를 바깥으로 내놓은 구조라고 할 수 있다. 이 삼차원 그물의 틈새에 있는 작은 공간들은 물을 머금을 수 있고, 또 이 공간은 다양한 미생물들에게 안식처를 제공한다. 이 그물은 양분을 가둘 뿐만 아니라, 토양의 유기물을 얽어맴으로써 침식을 억제하는 역할도 한다.

식물의 뿌리와 줄기에는 흙에서 수백 미터 높이에 있는 기관까지 양분을 끌어올리는 관다발이라는 구조가 있지만, 균류는 물관도 체관도 가지고 있지 않다. 그러나 많은 균류는 식물의 관다발에 맞먹는 나름의 수송체계를 만들었다. 뽕나무버섯속의 잣나무버섯(또는 꿀버섯, *Armillaria solidipes*, 예전 학명은 *Armillaria ostoyae*)이 대표적인 사례이다. 북아메리카에 흔한 이 종은 지름이 약 10센티미터인 전형적인 우산 형태의 버섯을 만들며, 이 버섯은 아메리카 태평양 북서부의 활엽수림과 침엽수림 전역의 땅에서 한꺼번에 무수히 올라오기 때문에 쉽게 눈에 띈다. 그러나 눈에 보이지 않는 지하에서는 색다른 일이 벌어진다. 이 균류의 가느다란 균사체 가닥들은 모여서 굵기가 5밀리미터에 이르는 굵은 원통형 밧줄을 형성한다. 이 밧줄은 표면이 딱딱한 검은 외피로 감싸여 있어서 마치 검은 구두끈이 뒤엉킨 듯이 보인다. 균사다발(rhizomorph)이라는 이 구두끈처럼 생긴 구조는 식물로 치면 뿌리 같은 역할을 한다. 즉 잣나무버섯은 이 균사다발로 양분을 흡수할 뿐 아니라, 지하에서 수백 미터 떨어진 곳까지 필요한 지점으로 양분을 운반할 수 있다. 잣나무버섯은 검은 균사다발로 나무의 뿌리를 감싸고 그것을 나무껍질 속으로도 뻗고, 썩어가는 나무로도 뻗어 양분을 흡수하면서 지하에서 아주 먼 거리까지 뻗어나갈 수 있다. 그럼으로써 눈에 띄지 않는 거대한 괴수처럼 숲 바닥을 하염없이 뻗어나간다. 한 가지 흥미로운 점은 뽕나무버섯속의 일부 균사체 매트에는 발광 능력이 있어서 밤에 빛을 낸다는 사실이다. 마치 이 세상의 것이 아닌 듯한 푸르스름한 빛을 뿜어낸다.

잣나무버섯은 예전부터 대단히 성공한 종으로 알려져 있었으며, 이들이 자라는 숲은 튼튼한 균사다발 때문에 심한 피해를 입을 수 있다. 이 버섯이 어떤 식

으로 기생하는지를 연구하는 삼림학자들이 죽
은 소나무를 잘라보면, 대부분 나무껍질 안쪽
에 균사체와 검은 균사다발이 마치 격자처럼 얽
어매어 나무를 질식시킨 듯한 모습이 드러난다.
이렇게 나무에 필요한 탄수화물과 물을 빼앗아

먹으면서 이 버섯은 굉장한 속도로 성장한다. 1998년에 오리건 주 동부의 멀루
어 숲에서 이 버섯이 나무들에 얼마나 많은 피해를 주는지 조사하는 연구가 시
작되었다. 오리건 주 태평양 북서부 연구소의 과학자 캐서린 파크스는 항공사진
을 이용하여 나무들이 죽은 지점들을 파악한 뒤에, 112곳을 찾아다니면서 균류
의 활동을 살펴보기 위해서 표본을 채취했다. 파크스는 각 조사지에서 얻은 균
류의 DNA를 비교했다. 놀랍게도 총 61곳에서 얻은 DNA가 동일했다. 수 킬로
미터씩 떨어져 있었어도 이 균류들은 사실상 한 개체의 일부였던 것이다. 파크스
는 이 거대한 버섯이 어디까지 뻗어 있는지를 조사하여, 이윽고 전체 크기를 계산
할 수 있었다. 놀랍게도 면적이 900헥타르를 넘었다. 축구장 1,260개만 한 넓이
였다. 흙 속으로 약 1미터 깊이까지 들어가는 이 거대한 생물은 총 무게가 적어도
7,000톤, 최대 35,000톤까지도 나갈 것으로 추정된다. 가장 적은 추정값을 택한
다고 해도, 지구에서 가장 큰 단일 생물이라는 점에는 의심의 여지가 없다. 이 거
대한 크기에 도달하는 데에 걸린 시간을 따져보면, 이 버섯은 적어도 2,400년, 많
으면 그보다 세 배나 되는 더 긴 세월 동안 계속 자랐을 것이 분명하다. 그 말은
이 거대한 생물로 자랄 원래의 포자가 이집트 기자의 거대 피라미드가 축조될 무
렵에 첫 균사를 내밀었다는 의미이다.

비록 잣나무버섯이 태평양 북서부의 숲에서 나무들에 극심한 피해를 주는 기
생생물이기는 하지만, 그럼에도 생태계 전체로 보면 이 버섯도 중요한 역할을 한
다. 이 버섯이 번성함에 따라 개체 수준에서 보면 나무들이 희생되지만, 숲 전체
로 보면 늙고 더 취약한 나무들이 제거됨으로써 숲에 틈새가 생긴다. 그 결과 어
린 침엽수와 활엽수가 자랄 수 있는 공간이 확보되는 셈이다. 그러면서 숲에 나
무 종의 다양성이 더 늘어나고, 서식지 전체는 더 건강해진다. 또 죽어 쓰러진 나
무는 미생물에서 작은 포유동물에 이르기까지 다양한 생물들에게 먹이와 보금
자리를 제공한다. 균류는 이렇게 재생과 재순환 과정에 기여하기 때문에 대단히

중요하다.

또한 균류는 지구의 천연 레미콘이다. 이들은 썩어가는 식물체, 동물의 사체와 배설물을 흙에서 끊임없이 분해함으로써, 질소와 탄소를 방출한다. 식물은 방출된 성분들을 흡수하여 성장에 이용한다. 대개 이 필수 원소들은 토양에서 복잡한 큰 분자 속에 갇힌 상태이기 때문에, 식물은 이용할 수가 없다. 균류는 이 분자들을 소화가 가능한 더 작은 분자로 분해하며, 그럼으로써 식물이 뿌리의 세포벽을 통해서 흡수할 수 있도록 돕는다. 토양뿐만 아니라, 공기 중에도 눈에 보이지 않는 수많은 균류의 포자들이 가득하며, 이 포자는 죽은 동물이나 식물 위에 내려앉자마자, 자라면서 분해하는 일을 시작한다. 균류가 그렇게 다양한 유기물을 분해할 수 있는 능력을 가지고 있는 것은 주로 몸 바깥으로 라카아제(laccase)와 셀룰라아제(cellulase) 같은 다양한 효소를 분비할 수 있기 때문이다. 세포외효소(exoenzyme)라는 이 강한 화학물질들 덕분에 균류는 목재의 단단한 성분인 셀룰로오스와 리그닌 같은 큰 분자들을 분해할 수 있고, 분해된 물질은 균류의 성장에 필요한 당분으로 전환된다. 균류가 없다면 숲은 수백만 년에 걸쳐 쌓인 죽은 나무들로 뒤덮일 것이다. 균류 덕분에 이 유기물은 식물에 유용하면서도 균류 자신이 흡수할 수 있는 양분으로 전환된다.

균류의 다양성은 식물의 삶에 단지 보탬이 되는 차원을 넘어서 훨씬 더 큰 의미가 있다. 선캄브리아대의 고대 바다에서 육지로 올라오는 모험을 감행한 최초의 생물은 균류였을 것이다. 그들은 약 13억 년 전에 지의류를 이루어서 올라왔을 것으로 추정된다. 단세포 생물들이 결합한 단순한 형태의 지의류는 헐벗은 바위투성이 땅에 자리를 잡았고, 자라면서 균사를 모암 속으로 뻗어서 서서히 분해했다. 균류가 분비하는 옥살산(Oxalic acid)과 산성을 띤 효소들은 암석의 화학물질과 반응했고, 그 결과 암석에서 칼슘을 비롯한 광물질이 빠져나왔다. 옥살산은 칼슘과 결합하여 옥살산칼슘이라는 화학물질을 형성했고, 이 물질은 암석을 용해시켜서 서서히 더 작은 조각으로 분해하는 데에 기여했다. 예전에는 난공불락이었던 육지의 표면이 이렇게 수억 년에 걸쳐 분해되면서 양분이 있는 토양이 형성되는 중요한 첫 단계가 시작되었다. 균류가 모암에서 광물질을 용해시키는 이 첫 단계를 거치지 않았다면, 약 4억7,000만 년 전 고생대에 최초의 식물이 육지에 정착하는 일도 결코 일어나지 않았을 것이다. 최근에 셰필드 대학교의 과학자들은 최초의 육상식물의 현생 친척들을 균류와 함께 키우면, 균류가 어떤 영향을 미치는지를 살펴보는 실험을 했다. 실험 결과, 식물과 균류 사이에 형성된 동반자 관계가 드넓은 '육지의 녹화'에 기여했음이 드러났다. 연구진은 가장 오래된 육상식물 집단인 태류(우산이끼류)를 고생대의 이산화탄소가 많은 대기와 비슷한 통제된 조건에서 길렀다. 연구 결과는 식물과 균류 사이에 공생관계가 형성되었을 때, 이 초기 조건에서 더 잘 자랄 수 있음을 보여준다. 즉 균류와 함께 자라는 식물은 광합성에 쓸 탄소를 더 많이 흡수할 수 있었고, 균류가 분비하는 양분을 흡수할 수 있어서 더 많은 혜택을 보았다. 그 결과 그들은 균류와 동반자 관계를 형성하지 않은 우산이끼보다 훨씬 더 빨리 자랐다. 보답으로 균류는 식물이 생산한 탄수화물을 받았다. 이 연구 결과는 식물과 균류 사이에 형성된 최초의 동반자 관계를 이해하는 데에 도움을 주는 흥미로운 사례이다.

최초의 육상식물이 관다발식물로 진화하고, 관다발식물이 점점 더 다양해짐에 따라, 균류도 곧 다양한 식물들과 관계를 맺게 되었다. 일부 균류는 이 식물들의 뿌리를 집으로 삼았다. 이렇게 뿌리와 균류가 결합된 것을 균근(mycorrhiza)이라고 한다. 균근의 균류는 주로 식물을 양분 공급원으로 이용한다. 양분은 주로 포도당과 자당 형태로 받는다. 이 양분은 식물의 잎에서 만들어져서 뿌리로 운반된다. 식물은 보답으로 균류로부터 혜택을 얻기 때문에, 균류가 양분을 가져가는 것을 어느 수준까지 용인한다. 균류의 실 같은 균사가 식물의 뿌리에 결합하면, 물과 양분을 흡수하는 뿌리의 표면적이 엄청나게 늘어나는 효과가 있다. 길이가 1센티미터에 불과한 뿌리가 균사와 결합함으로써 표면적이 최대 3제곱미터까지 늘어날 수 있다. 게다가 균근은 인산염처럼 식물이 이용할 수 있는 광물질을 선택적으로 흡수하고, 나트륨처럼 식물이 필요로 하지 않는 성분은 배출한다. 그럼으로써 식물이 유용한 이온(ion)을 최대한 흡수할 수 있도록 돕는다. 균근의 균류는 뿌리의 성장과 분열을 촉진하는 화학물질을 분비하며, 양분 공급원이 건강을 유지할 수 있도록 식물이 토양의 유해한 세균을 막는 데에 도움을 주는 항생물질을 분비한다. 또 균류는 아연과 같은 토양의 유해한 금속을 가둘 수 있어서, 식물이 심하게 오염되지 않으면서 토양에서 자랄 수 있도록 해준다.

현생 식물의 95–99퍼센트는 특정한 균류 종에 의지해야
만 제대로 생장할 수 있는 것으로 추정된다. 식물이 생태계
서비스를 제공하는 차원을 넘어서서 우리의 삶에 훨씬 더 큰
역할을 하는 것처럼, 균류도 마찬가지 역할을 한다. 균류는 약물, 화학물질, 식
량, 음료, 오염 정화, 더 중요하게는 연료로서 우리에게 도움을 준다.

초기 인류는 사냥하고 채집할 만큼 발달하자마자, 버섯도 채집하여 식량으로
삼았을 것이다. 수천 년에 걸쳐 우리의 조상들은 야생에서 볼 수 있는 다양한 균
류의 쓰임새를 점점 더 많이 발견했을 것이다. 약 2,500년 전에 중국의 의사들
은 다양한 균류 종의 놀라운 효능을 기록하기 시작했다. 영지(靈芝, *Ganoderma
lucidum*)는 중국의 초기 의학 문헌에 약재로 상세히 기록된 버섯들 중에서 가장
유명한 축에 속하며, 이름 자체가 '신령스러운 식물'이라는 뜻이다. 이 커다란 버
섯은 나무줄기에 옆으로 편평한 선반 모양으로 튀어나와 자라며, 칠을 한 듯이
독특한 윤기가 흐르기 때문에 쉽게 알아볼 수 있다. 후한 시대의 문헌에 처음 기
록되었으며, 관절염, 천식, 고혈압, 불면증, 간과 심장의 질병 등 이루 열거할 수
없을 정도로 많은 질병을 치료하는 데에 쓰였다. 효능이 뛰어나고 부작용이 거

의 없다고 해서 아시아에서는 최고의 약재로 친다. 이 버섯은 뛰어난 약효 덕분에 중국 전통의학에서 지금도 고가의 약재로 대접받으며, 노화에 따른 퇴행성 질환이나 노인병 치료에 가장 흔히 쓰이고, 항암 효과도 뛰어나다. 숲에서 자라는 야생 버섯을 오랫동안 접하면서 중국인들은 약효가 좋은 버섯 종들을 아주 많이 찾아냈고, 어떤 것들은 차나 죽에 넣거나 날로 먹기도 한다. 흰목이(*Tremella fuciformis*)는 궤양을 치료하고 열을 내리며, 나무를 분해하는 목이버섯(*Auricularia auricula-judae*)은 목에 염증이 있을 때 우유에 섞어 마시며, 감염된 눈을 가라앉히는 데에도 쓰인다. 풀버섯(*Volvariella volvacea*)은 세계에서 가장 널리 재배되는 식용 버섯 중 하나이며, 날로 먹으면 혈압을 낮추는 데에 도움이 될 수 있다.

위 갓주름

많은 버섯은 갓의 아래쪽에 주름이 나 있다. 주름은 포자를 만들어서 먼지처럼 흩날린다.

아마 중국에서 전통적으로 약재로 쓰이는 버섯들 중에서 가장 인상적인 것은 동충하초(*Ophiocordyceps sinensis*, 예전 학명은 *Cordyceps sinensis*, 동충하초 중에서도 박쥐나방동충하초를 가리킨다)일 것이다. 동충하초는 균류 중에서도 가장 큰 집단인 자낭균류에 속한다. 빵을 발효시키는 효모, 페니실린 같은 항생제를 만드는 균류, 요리에 쓰는 송로버섯 등 인류의 활용 측면에서 볼 때 가장 중요한 몇몇 종들이 자낭균류에 속한다. 이런 종들과 동충하초가 다른 점은 좀 으스스한 방식으로 번식을 한다는 것이다. 동충하초는 곤충병원성 균류라고 한다. 생활사를 완결하려면 포자가 곤충의 몸에 달라붙어야 한다는 의미이다. 곤충은 포자를 발아하기에 좋은 장소로 옮기고, 그곳에서 포자는 자라서 나중에 더 많은 포자를 만들고, 이 생활사가 되풀이된다. 이런 식으로 번식하는 균류 종은 많다. 그러나 동충하초는 절지동물 자체를 숙주로 삼는 쪽으로 진화했다. 티베트 고원의 초원에서 박쥐나방과의 티타로데스속(*Thitarodes*) 나방의 커다란 갈색 애벌레는 풀잎과 뿌리를 비롯하여 산간지대에서 사는 식물들을 먹는다. 이 나방의 생활사는 아직 자세히 밝혀지지 않았지만, 동충하초의 포자가 발아할 때 이 모충을 감염시킨다는

위 **경이로운 균류**
다양한 약효가 있다고 널리 알려
진 동충하초를 찾는 약초꾼.

사실은 알려져 있다. 그런 뒤 균류는 길면 5년까지 애벌레의 몸속에서 휴면상태로 지낸다. 모충이 번데기가 될 준비를 할 때, 균류는 애벌레가 몸속에 저장한 지방을 흡수하면서 빠르게 자라기 시작한다. 애벌레는 사실상 내부로부터 아사를 당한다. 균류는 숙주의 몸속을 조금씩 바짝 말려가면서 미라로 만들며, 애벌레는 죽음이 임박했을 때 고통스러워하며 흙 위로 올라올 것이다. 애벌레가 죽으면, 균류는 자실체를 만든다. 자실체는 곤충의 머리를 뚫고 솟아올라서 애벌레의 사체로부터 위로 쭉 뻗은 5센티미터 길이의 갈색 원통형 버섯이 된다. 자실체는 수백만 개의 미세한 포자를 공중으로 퍼뜨리며, 이 포자는 바람에 실려 떠다니면서 곤충 희생자를 찾는다.

기생성 동충하초는 곤충 세계에는 공포이지만, 인류에게는 약재로서 매우 귀중한 자원이다. 15세기 말에 티베트에서 처음 문헌에 기록된 이 종은 티베트와 중국의 전통의학에서 오랫동안 이용되었다. 원기를 북돋고 병치레를 한 뒤에 기력을 회복할 때 아주 효과가 뛰어나며, 저혈당증 개선과 간 기능 회복에도 좋고, 종양의 크기를 줄이는 효과도 있다고 한다. 동충하초는 1993년까지 서양에 알려지지 않다가, 그해에 중국이 국제대회에서 좋은 성적을 거두면서 유명세를 탔다.

독일에서 열린 세계육상선수권 대회에서, 중국의 무명 여성 선수 3명이 3,000미터 경주에서 나란히 메달을 땄고, 10,000미터 경주에서는 금메달과 은메달을 차지했다. 몇 주일 뒤 같은 선수단은 중국 선수권 대회에서 3개의 세계기록을 갈아치웠다. 놀라운 성적을 거둔 뒤 코치인 마준렌은 집중적인 훈련과 동충하초를 넣은 '무기물이 풍부한' 죽 덕분이라고 밝혔다. 그 뒤로 마준렌은 끊임없이 도핑 의혹에 시달렸지만, 그의 말을 들은 사람들은 이 기적의 버섯의 효능에 관심을 보였고, 머지않아 동충하초는 세계에서 가장 많은 사람들이 찾는 버섯들 중 하나가 되었다.

동충하초에 정말로 사람들이 말하는 약효가 있는지를 알아보기 위해서, 과학자들은 동충하초에 든 활성 화학물질인 코디세핀(cordycepin)의 치료 효능이 어느 정도인지 분석했다. 생쥐를 대상으로 실험을 한 결과, 코디세핀은 우울증을 완화시키고, 해로운 방사선으로부터 소화기관과 골수를 보호하며, 혈압을 유지하고 손상된 간을 회복시키는 데에 효과가 있다는 사실이 밝혀졌다. 단 한 종의 균류에 이 모든 약효가 있다. 야생에서 동충하초를 찾아내기란 하늘의 별 따기였기 때문에, 고대 중국에서는 황제만이 동충하초를 먹을 수 있었고, 비록 지금은 귀족이나 고위층의 전유물은 아니지만 아시아와 전 세계에서 아주 비싼 값에 팔리고 있다. 야생에서 채집한 동충하초가 솟아 있는 나방 애벌레는 아주 값이 비싸며, 전 세계에서 수요자가 늘어나다 보니 가격도 천정부지로 치솟고 있다. 1990년대 말에서 2010년 사이에 티베트 시장에서 판매되는 동충하초의 가격은 1,000퍼센트 이상 치솟았다. 현재 자실체가 솟아 있는 커다란 애벌레는 베이징의 소매상에서 1킬로그램당 약 9만 달러까지도 나간다.

"수천 년에 걸쳐 우리의 조상들은 야생에서 볼 수 있는 다양한 균류의 쓰임새를 점점 더 많이 발견했을 것이다."

이전 선반버섯류

나무를 썩게 만드는 이런 균류는 나무 옆에서 선반처럼 수평으로 자실체를 형성한다. 자실체 아래쪽에서 미세한 포자를 만들어 퍼뜨린다.

인류는 처음에 균류를 연구할 때 그들을 식물학이라는 더 폭넓은 분야에 끼워넣었다. 초기 학자들은 균류가 식물계에 속한다고 믿었기 때문이다. 비록 그 시대에는 균류가 자체 생물계를 이룬다는 사실을 인정하지는 않았지만, 인류는 오래 전부터 균류가 기이하고 색다른 특징을 가진다고 생각했다. 1552년 루터파 식물학자인 히에로니무스 보크가 한 말이 대표적이다. "균류와 송로버섯은 풀도 뿌리도 꽃도 씨도 아니라, 그저 나무나 썩어가는 목재와 다른 썩어가는 것들의 잉여 수분이나 흙에 불과하다." 이탈리아의 선구적인 식물학자 피에르 안토니오 미켈리는 1729년 균류의 포자와 생활사를 처음으로 상세히 연구했지만, 최초의 균학자라고 할 수 있는 사람은 네덜란드의 크리스티안 헨드리크 페르손일 것이다. 그는 1801년에 펴낸 『균류 체계 개요(*Synopsis Methodica Fungorum*)』에서 다양한 균류들에 최초로 린네의 분류체계를 적용함으로써, 오늘날 균학자들이 균류를 동정(同定)하고 분류하는 데에 쓰는 기본 틀을 제시했다. 19세기 빅토리아 시대에 과학과 호기심 양쪽 차원에서 식물을 수집하는 열풍이 불면서, 영국에서 균류를 연구하려는 분위기가 조성되었다. 이어서 점점 늘어나는 표본들을 보관하기 위해서 대규모 표본관이 만들어졌다. 큐 왕립 식물원은 방대한 균류 표본들을 보관하기 위해서, 1879년 균류 표본관을 설치했고, 세계 전역에서 발견된 점점 늘어나고 있는 수많은 신종 표본들이 그 안에 소장되었다. 130여 년이 지난 오늘날, 이곳은 세계 최대이면서 가장 중요한 균학 연구 자원을 소장한 곳이 되었다. 총 125만 점이 넘는 표본이 소장되어 있으며, 균류와 옛 문헌을 연구하기 위해서 전 세계의 연구자들이 이곳으로 모여든다.

이 표본관에만 있는 표본들 덕분에 과학자들은 플레밍의 페니실린 배양기에서 나온 말린 표본이나 찰스 다윈이 처음 발견한 종의 표본뿐 아니라, 아마존 우림이나 아시아 스텝 지역 깊숙한 곳에서 최근에 발견된 종에 이르기까지 다양한 표본들을 연구할 수 있기 때문에, 현재 균류의 생활사를 밝히는 연구는 전보다 더 빠른 속도로 진행되고 있다. 이루 가치를 따질 수 없는 이 과학 자원을 통해서 앞으로 균류에 관한 더욱 혁신적인 발견이 이루어지리라는 데에는 의심의 여지가 없다. 현재 균류 중에서 식용이 가능한 것은 2,000종이 넘고, 약재로 쓰이는 것

은 거의 500종에 달하지만, 이들은 지금까지 기재된 균류 전
체 중 겨우 5퍼센트에 불과하다. 더군다나 지금도 해마다 새
로운 종들이 발견되고 있으며, 각 종은 고유의 속성을 가졌
을 가능성이 있다. 세계의 다른 어느 곳보다도 큐 식물원의
구내에서 새로운 균류 종이 더 많이 발견된 사실은 결코 우
연이 아닐 것이다. 200년 동안 세계 최고의 균류 전문가들이 이 식물원에서 연구
를 해왔기 때문이다. 그러니 문외한이 지나친 새로운 균류 종이 과연 얼마나 많
겠는가. 매주 큐의 균류 표본관으로 새로운 종들이 들어오고 기재되고 목록으
로 작성되며, 표본은 검사를 위해서 연구실로 보내진다. 연구실에서는 의학, 폐
기물 처리, 농업, 그 밖의 용도로 쓸 만한 대사산물이 있는지 살펴볼 수 있다. 큐
식물원, 농업 및 생명의학 영상 센터 등 전 세계의 연구기관들에서 점점 더 활발
하게 연구가 지속됨에 따라, 강력한 약물과 화학물질이 발견될 가능성이 높다.
균류는 과거에도 그래왔지만, 현재와 미래의 생태계가 건강하게 제 기능을 하는
데에 대단히 중요한 역할을 한다. 하지만 여전히 제대로 인정을 받지 못하고 있
다. 식물 세계와 균류 세계를 과학적으로 이해하려는 노력을 계속해나간다면,

위 **아가리쿠스 세미글로바투스**
(*agaricus semiglobatus*)

제임스 소워비의 『영국 균류 채색 도감
(*Coloured Figures of English Fungi*)』,
1800

언젠가는 이 상황이 바뀔 것이다.

미국의 균학자 폴 스태머츠는 그런 계몽운동이 이제 막 전환점에 이르렀다고 믿는 사람이다. 균학 분야를 이끄는 여러 과학자들처럼, 스태머츠도 균류가 놀라운 능력을 가지고 있다는 점을 오랫동안 설파해왔다. 특히 그는 '균 복원(myco-restoration)'이라는 개념을 제시했다. 균류를 이용하여 생태계를 복원시키자는 것이다. 그는 균류의 자연적인 능력을 대규모로 이용하여 독소를 흡수하고 서식지를 안정시키며, 연료를 생산하고, 강력한 약물을 만든다는 목표를 가지고 있으며, 그런 균류 관련 기술 분야에 이미 22개의 특허를 출원했다. 1998년에 그는 오하이오 주에 있는 바텔 연구소의 과학자들과 공동으로 특정한 균류가 원유 누출 사고와 같은 상황에서 유독한 폐기물을 분해하는 능력이 있는지 조사했다. 그들은 네 개의 흙더미를 디젤유로 오염시킨 뒤, 한 흙더미는 대조군으로 삼고, 나머지 세 흙더미에는 각각 효소, 세균, 느타리버섯(*Pleurotus ostreatus*)의 균사를 뿌린 다음, 비닐로 덮었다. 8주일이 지난 뒤에 비닐을 걷은 연구진은 놀라운 광경에 환호성을 질렀다. 세 흙더미는 디젤유 때문에 여전히 검고 악취를 풍겼지만, 균사를 뿌린 흙더미는 연한 노란색으로 변했고, 수백 킬로그램의 느타리버섯들이 자라고 있었다. 이 버섯은 말 그대로 디젤유를 먹어치웠다. 뒤엉킨 실 같은 균사체들은 과산화 효소(peroxidase)라는 천연 효소를 만들었고, 효소들은 몇 주일에 걸쳐 디젤유라는 탄화수소 연료를 구성성분인 탄소와 수소로 분해한 뒤, 탄수화물과 천연 당으로 재조립하여 그것을 토대로 자랄 수 있었다. 연구진은 비닐을 모두 벗긴 다음에 흙더미들을 8주일 동안 더 그대로 두었다. 버섯의 자실체들은 생활사를 끝낼 무렵에 포자를 방출했고, 포자를 먹기 위해서 굶주린 곤충들이 흙더미로 몰려들었다. 포자를 먹은 곤충들은 그곳에 알을 낳았고, 시간이 흐르자 알이 부화하여 애벌레들도 균류를 먹어치웠다. 곧 새들이 곤충 애벌레들을 발견하고 날아와서 애벌레들을 먹어치웠다. 그러면서 새들은 식물의 씨가 섞인 배설물을 흙더미에 뿌렸다. 이윽고 씨는 싹을 틔웠다. 석유로 뒤덮여 오염되었던 흙더미가 버섯을 통해서 생명으로 가득한 녹색의 작은 생태계로 변모했다. 놀랍게도 흙을 분석하자, 유독 성분의 농도가 10,000ppm에서 200ppm 이하로 줄어들었다. 불과 몇 개월 사이에 말이다.

여러 버섯에서 과산화 효소와 비슷한 새로운 효소들이 최소 120가지가 발견되었다. 그 효소들은 오염물질을 분해하거나 유독물질을 정화하는 데에 도움을 주는 중요한 용도로 쓰일 가능성이 있다. 현재 세계를 바꿀 특징을 가지고 있어서 연구되고 있는 종들 가운데 방사성 폐기물에서 번성하는 소수의 균류들이 가장 큰 기대를 모으고 있다. 멜라닌(우리의 피부 색깔을 정하는 색소)을 만들어서 방사성을 다스리는 종들이 여기에 속한다. 1999년 체르노빌에 들여보낸 로봇이 버려진 원자로 중 한 곳의 벽에서 자라는 검은 균류를 채집했다. 분석해보니 이 균류는 식물이 엽록소를 이용하여 빛을 흡수하여 에너지를 만들 듯이, 멜라닌을 이용하여 이온화 방사선을 흡수하여 에너지를 생산한다는 사실이 드러났다. '방사성 합성(radio-synthesis)'이라는 이 놀라운 능력은 하나의 계시로 다가왔다. 이 발견이 이루어지기 전까지는 식물(그리고 일부 세균)만이 자신이 쓸 에너지를 독자적으로 생산할 수 있다고 보았다. 다른 양분이 고갈되었을 때에도, 이 균류는 방사선에 노출되면 다른 종들보다 두 배 이상 더 크게 자랐고, 이런 유형의 균류는 미래의 식량 생산에 중요한 역할을 할 수도 있다. 균류의 유전자를 작물에 집어넣으면 혹독한 생장 조건에서 생산성이 증가할 수 있음을 시사하는 연구 결과들도 있다.

균류를 이용하여 디젤유를 정화하는 실험에 성공함으로써 고무된 바텔 연구진은 균의 토양 복원 능력을 더 큰 규모에서 시험하고자 했다. 그래서 그들은 균류가 대규모 농장에서 하천 등으로 흘러나오는 유해 폐기물을 흡수할 능력이 있는지 평가하는 일에 착수했다. 연구진은 폭풍우에 떠밀려온 목재와 식물 잔해를 커다란 자루에 가득 담고서, 균류 3종의 균사체를 뿌렸다. 그런 뒤 자루를 농장 하류 쪽의 흙에 묻었다. 동물 폐기물 유출수가 그 위로 흘러갈 터였다. 이 균류 여과지를 통과하기 전의 유출수를 분석해보니, 100밀리리터를 배양했을 때 대장균류의 집락이 약 172개 생겼다. 그러나 자루 위를 지난 뒤에는 균류의 강력한 항생물질 덕분에 세균의 수가 100밀리리터에 5개 집락 수준으로 급감했다. 오염물질 농도로 보면 무려 97퍼센트가 줄어들었다. 질소와 인을 비롯한 다른 수질 오염물질들도 균 사체 여과기를 거친 뒤에 줄어들었다. 그런 단순 하면서도 저렴한 방식은 수질 오염을 줄이고 부 영양화를 억제하는 데에 이용될 수 있으며, 장기적으로는 현재 농경활동으로 위협을 받고 있는 지역의 서식지 안정성을 유지하는 데에 도움이 될 것이다. 게다가 이런 설비는 지역에서 얻은 재료를 이용하며, 유지와 관리 비용을 거의 들이지 않고서도 효율적으로 운영할 수 있다.

맞은편　환각성 버섯
선명한 색깔을 띤 윤기 나는 이 버섯은 균류 중에서도 더 눈에 잘 띈다.

이 실험들의 결과는 고무적이며, 분명히 훨씬 더 깊은 의미를 함축하고 있지만, 균학자라면 그리 놀라지 않을 것이다. 이 실험들은 균류가 환경 조정자로서 중요한 역할을 한다는 사실을 보여준다. 한 서식지의 원료를 분해하여, 생명이 번성할 비옥한 환경을 구축한다는 것을 말이다. 균류에 대한 과학적 이해는 계속 깊어지고 있지만, 아직 우리는 이 놀라운 생명체가 어떤 비밀을 간직하고 있는지 들여다보기는커녕 겉만 훑고 있는 수준이다. 지금까지 균류는 우리에게 빵을 만들고 맥주와 포도주를 빚어내는 효모, 강력한 약, 음식, 파괴된 서식지를 보호하고 복원하는 일을 돕는 도구를 제공했다. 연구가 계속될수록 우리는 이 경이로운 능력을 가진 생물을 더 많이 알게 될 것이고, 지구의 모든 생물에 기여할 무엇인가를 찾아낼 수 있을 것이다.

9

식물이 없다면,
인류도 없다

"지금 인류와 식물 사이의 불균형이 점점 커지면서 우리는 돌이킬 수 없는 지점을 건너려고 하고 있다."

식물은 우리에게 산소를 제공하며, 그에 따라 인류는 지구의 식물들과 불가분의 관계에 놓인다. 기나긴 세월 동안 식물은 우리 발밑의 토양을 형성하고 다듬어왔다. 식물은 우리에게 과일과 채소를 주고 목재와 면화 같은 온갖 필수 자원을 제공한다. 또한 맥주, 포도주, 카페인, 담배 같은 것들을 즐길 수 있게 해주며, 생명을 구하는 약물과 건강을 증진시키는 약재를 제공한다. 우리의 삶은 거의 모든 측면에서 식물에 의지하고 있으며, 그렇기 때문에 우리는 식물을 잃지 않도록 세심한 주의를 기울여야 한다. 그러나 우리는 지구 생태계를 구성하는 생명 다양성의 그물로부터 동식물 종들을 서서히 잃어가고 있다.

우리는 식물이 새로운 조건에 적응할 수 있고 주변 세계와 새롭고도 이로운 동반자 관계를 형성할 수 있다는 것을 안다. 그러나 21세기에 기후와 서식지가 너무나 급격하게 변하고 있기 때문에 미처 따라가지 못하는 식물들이 있을 수도 있으며, 낙오된다면 그들은 세계의 종 지도에서 영구히 지워질 가능성이 높다. 브라질 우림에서 오스트레일리아의 사막, 아프리카의 사바나, 아시아의 스텝 지역에 이르기까지 다양한 서식지에서 많은 종들이 사라지기 시작할 때, 우리 인류가 의지해온 중요한 식량과 자원 식물들도 상당수가 사라질 수 있다. 그리고 아직 발견하지 못한 종들의 DNA에 들어 있던 독특한 속성들을 이용할 가능성도 사라진다. 우리가 이 행성의 식물 종들과 균형을 이루면서 살아갈 수 있다면, 인류는 더 오래도록 번영을 누릴 것이다. 또한 천연자원, 약물, 생태계 서비스 같은 생물 다양성을 간직한 서식지를 유지한 덕분에 많은 혜택을 누리면서 살아갈 것이다. 그러나 그런 일은 식물이 건강하고 유전적으로 다양한 집단을 유지하는 데에 필요한 서식지 조건들과 우리가 균형을 이룰 수 있을 때에만 가능하다. 지금 인류와 식물 사이의 불균형이 점점 커지면서 우리는 돌이킬 수 없는 지점을 건너려고 하고 있다. 그런 일이 일어난다면, 식물 종이 급속히 줄어들 것이고, 인류 종이 번영을 누리기도 점점 힘들어질 것이다.

이런 시나리오를 생각해보자. 당신이 도저히 나아지지 않는 복통이나 두통 때문에 의사를 찾아갔는데, 의사가 그저 진료비 청구서를 보낼 목적으로 당신의 한쪽 발만 살펴보면서 시간을 보낸다면, 당신은 울컥할 것이다. 오늘날 지구의 생물 다양성을 위협하는 '생태계 질병'이라고 할 수 있는 것을 논의할 때에도 같은 논리를 적용해야 한다. 많은 지구 서식지 중에서 한 작은 단면만을 연구한다면, 그 서식지에서 번성하는 동식물 종들이 건강하게 균형을 이루고 있는 듯이 보일 수도 있다. 그러나 한 걸음 뒤로 물러나서 더 큰 그림을 보면, 진실이 저절로 드러난다. 2010년에 지구 생물 다양성의 전반적인 건강 상태를 평가하기 위해서 세계 식물들의 개체 수를 조사했더니, 무려 식물 5종 가운데 1종 꼴로 멸종 위기에 처해 있다는 사실이 드러났다. 이 식물들을 위협하는 압력은 농업, 오염, 과잉 이용, 기후 변화에 따른 다양한 서식지 상실이라는 형태로 나타나지만, 모두 인간이 일으킨 것이라는 공통점이 있다. 우리가 인간 활동이 자연계에 미치는 영향을 최소로 줄이지 않는다면, 앞으로 수십 년 안에 지구 식물의 약 20퍼센트가 사라질지도 모른다. 8만 종에 달하는 이 멸종 식물 중에는 별 가치가 없다고 알려진, 있는 듯 없는 듯한 식물도 소수 있을지 모른다. 그들은 자기 서식지에 있는 어느 동물과도 특수한 관계를 맺지 않거나, 생태계에서 자신만이 가진 독특한 역할이 전혀 없을 수도 있고, 인간에게 아무런 경제적 가치가 없을 수도 있다. 사라진다고 해도 다른 종이 곧 그 서식지에서 그들의 자리를 대체하여 멸종 사실조차 눈치채지 못할 수도 있다. 그러나 아무도 모르게 사라지는 이 보잘것없는 식물 중 하나가 암의 진행을 역전시키거나 알츠하이머 또는 파킨슨 병으로 손상된 신경을 회복시킬 수 있는 독특한 화학물질을 가졌을 수도 있다. 지금까지 과

학자들이 조사한 우림 식물들은 1퍼센트도 채 되지 않기 때문에, 이런 화학물질들이 존재할 가능성은 얼마든지 있다. 불행히도 이런 상실의 가치는 수량화가 불가능하다.

그러나 에버글레이즈 습지의 맹그로브처럼 그 환경을 구성하는 주된 종이 사라진다면, 그 상실의 효과는 훨씬 더 뚜렷이 나타날 것이다. 맹그로브는 연안 서식지에서 생물 공동체가 살아갈 공간을 제공한다. 그들의 방대한 뿌리 체계는 수많은 어류, 갑각류, 조류에게 보금자리를 제공할 뿐만 아니라, 바다의 짠 바닷물과 내륙 습지의 민물 사이에서 중요한 여과장치 역할도 한다. 게다가 플로리다 해안선을 따라 자라는 맹그로브들은 바람과 파도로부터 땅을 보호함으로써 토양 침식을 억제한다. 이 식물 종을 잃는다는 것은 해안 생태계 전체, 그곳에서 살아가는 동식물 군집이 붕괴되고, 약 800제곱킬로미터에 달하는 서식지가 파괴된다는 의미이며, 그 파괴는 훨씬 더 내륙에까지 영향을 미칠 가능성이 높다. 도시화와 농경지 확대가 진행될수록 생태적 재앙은 더욱 실현 가능성이 높아지고 있으며, 지난 50년 사이에 이미 전 세계의 맹그로브 숲의 절반 이상이 사라졌다.

전 세계의 식물원과 연구기관에서 식물학자, 생태학자, 보전생물학자는 방대

한 양의 지식을 축적해왔으며, 그 지식은 인류에
게 생물 다양성의 그물을 유지하는 데에 도움이
될 핵심 도구를 제공한다. 가장 중요한 종을 보
전하려면, 이렇게 지구의 식물상과 동물상이 상

호 연결되어 있음을 이해하는 것이 대단히 중요하다. 또 그래야 이 핵심 종들 사
이의 중요한 관계가 유지되도록 도울 수 있다. 중요한 점은 각 식물이 자기 서식
지에서 맡은 중요한 생태적 역할을 이해할 때, 과학자들은 정치가들과 국제기관
들에 어떻게 하는 것이 지구의 자원을 가장 잘 할당하는 방법인지를 조언할 수
있다는 것이다. 역사자료도 우리 조상들이 저지른 실수를 피하는 한편으로 우리
가 후손들에게 자랑스러워할 유산을 남기려면, 21세기에 무엇을 하고 하지 말아
야 하는지에 관해서 중요한 통찰을 제공할 수 있다. 예를 들면, 1800년대의 식물
채집가들 덕분에, 현재 우리는 단순히 식물을 한 나라의 서식지에서 다른 나라
의 서식지로 옮기는 것이 현명하지 못할 수 있음을 알게 되었다. 일부 식물은 본
래의 환경을 벗어나면 마구 증식하여 침입하는 종이 될 수 있으며, 심각한 결과
를 빚곤 한다. 아시아에서 미국으로 도입되어 마구 퍼져나간 칡(*Pueraria lobata*)
과 영국에서 지금까지 10억 파운드 이상의 비용을 쏟아부어 없애려고 노력 중인
아름다운 흰 꽃을 피우는 호장근(*Fallopia japonica*)이 대표적인 사례이다. 고맙
게도 역사는 우리에게 어떤 종도 결코 포기해서는 안 된다고 가르친다. 르완다
꼬마수련(*Nymphaea thermarum*)이나 수수께끼의 라모스마니아 로드리구에시처럼
단 몇 개체만 남은 식물조차도 언젠가는 본래의 서식지로 돌려보낼 수 있을 것이
라는 희망을 품고 증식시킬 수 있다는 것을 알기 때문이다. 그러나 교과서에 실
린 역사 너머로 거슬러올라간다면, 현재 임박한 생태 재앙이 지구의 생물 다양성
이 위기에 빠진 첫 번째 사례가 아니라는 사실이 드러난다. 지구의 역사를 보면,
세계적인 격변으로 생명의 토대 자체가 뒤흔들리면서, 동식물들이 갑작스러운 조
건 변화에 적응하지 못하고 대량으로 멸종하는 사례들이 반복해서 일어났다. 그
러나 가장 중요한 점은 이런 급격한 환경 변화가 궁극적으로 생명에 어떻게 영향
을 미쳤는지를 말해주는 화석 기록으로부터 배워야 한다는 것이다. 사라진 종은
영구히 사라진다는 것을 말이다.

　지구에 복잡한 생명체가 진화한 이래로, 격변이라는 형태의 자연재해로 종들

이 대규모로 사라진 전 세계적인 사건이 5차례 있었다. 종이 처음으로 대량 멸종한 것은 약 4억 4,000만 년 전으로, 동물 과(科)들 중 25퍼센트가 전멸했다. 그 뒤 약 3억7,000만 년 전 데본기에는 동물 과들 중 거의 20퍼센트가 사라졌다. 주로 해양생물이었다. 약 2억5,100만 년 전에는 가장 파괴적인 멸종 사건이 일어났다. 유독한 기체 구름 아래에서 모든 동식물의 95퍼센트가 사라졌다. 그로부터 겨우 4,000만 년 뒤, 많은 포유류형 파충류를 포함하여 생물과들의 23퍼센트가 사라졌다. 포유류형 파충류가 사라진 자리는 궁극적으로 공룡이 등장하여 채웠다. 30여 년 전 발견된, 다섯 번째 대격변은 약 6,500만 년 전 소행성 충돌로 공룡들이 전멸했던 사건으로, 가장 최근의 대량 멸종이었다. 그러나 과학자들이 오늘날 종의 점진적인 쇠퇴—딱정벌레, 양서류, 조류, 대형 포유류에서 가장 뚜렷하다—를 조사하고 고대 화석에 기록된 것과 같은 방식으로 결과를 분석하기 시작하자, 극도로 심각한 상황임이 드러났다. 지구가 다시금 대량 멸종을 향해 나아가고 있다는 것이다. 지난 500년 동안 사라진 종의 수를 토대로 과학자

들은 현재 여섯 번째 대멸종 사건이 진행 중일 수도 있다고 믿는다. 이 멸종 사건은 앞으로 300-2,000년 더 이어질 수도 있다. 서식지 조건을 고려할 때, 척추동물이 가장 심각한 영향을 받을 가능성이 높다. 서식지 파괴와 먹이사슬의 교란으로 그들의 집단은 자원이 더 희소한 더 작은 서식지로 내몰릴 것이며, 더 이상 달아날 곳이 없는 몹시 취약한 상태에 놓일 것이다. 그러면 불행히도 식물도 연쇄적으로 영향을 받는다. 무수한 식물 종들은 주된 씨 산포 매개자인 이 동물들과 긴밀한 동반자 관계를 이루어왔기 때문이다.

식물의 생활사에서 씨 산포는 대단히 중요한 일부분이다. 진화하는 내내 식물은 이 능력 덕분에 기후 조건의 변화와 경쟁에 대응하여 이주하고 새로운 지역에 정착할 수 있었다. 씨 산포는 모든 경관에서 동식물 군집의 조성과 변동에 영향을 미치는 대단히 중요한 생태적 과정이다. 씨는 육상식물의 적응방산 과정에서 나타난 가장 중요한 진화적 혁신 중 하나임이 틀림없다. 오늘날 우리 주변에 있는 식물 종들은 저마다 다른 방향으로 적응한 온갖 씨를 가지고 있으며, 각각의 씨 형태는 자기 나름의 환경과 생활사에 맞게 발달한 것이다.

멸종한 종자고사리류와 현생 침엽수와 소철류 등 최초로 씨를 만든 겉씨식물은 열매 조직으로 둘러싸이지 않은 '겉으로 드러난 씨'를 만들었다. 침엽수 구과가 마를 때 비늘처럼 생긴 조각이 서서히 벌어지면서 씨가 떨어져나온다. 떨어져 나온 씨에는 날개처럼 생긴 구조물이 붙어 있어서 바람에 날려서 알맞은 곳에 떨어진다면 이 씨는 발아할 것이다. 은행나무와 주목 같은 몇몇 친척 종들은 색깔을 띤 다육질의 외피로 덮인 씨를 만들어서, 씨를 퍼뜨려줄 새나 포유동물을 꾀어들인다. 그러나 부모 식물로부터 멀리까지 유전물질을 퍼뜨릴 수 있는 방법에 몇 가지 가장 큰 변화가 일어난 것은 속씨식물, 즉 현화식물이 등장하면서였다. 우선 바람의 힘으로 운반될 수 있도록 갓털이 달린 공기보다 가벼운 씨가 진화했다. 유액식물(milkweeds)처럼 커다란 꼬투리를 터뜨려서 미세한 낙하산이 달린 수많은 작은 씨들을 한꺼번에 공중으로 뿜어내는 식물도 있고, 으아리속(Clematis)의 식물들처럼 가장 약한 바람에도 떠다닐 수 있도록 깃털 같은 꼬리가 달린 씨를 만드는 종류도 나타났다. 단풍나무 같은 식물들에서는 '헬리콥터'처럼 비행하는 씨가 진화했다. 회전하면서 유전물질을 부모 식물로부터 멀리 운반하도록 정밀한 공학의 산물 같은 날개가 달려 있는 씨이다. 또 인디언붓(Castilleja

위 낙원의 섬

마다가스카르의 생트마리 섬에서 자
라는 코코넛이 가득 달린 코코야자
(*Cocos nucifera*).

flava)이라는 식물의 씨처럼 현미경을 이용해야 보이는 미
세하고 독특한 구조를 가진 씨도 있다. 이 종의 씨는 표
면이 벌집 구조여서 바람을 받는 표면적이 넓다. 꼬투리에
꽉 눌려 있다가 꼬투리가 터지는 순간 확 퍼져나가는 씨
를 만드는 것도 대단히 성공적인 전략임이 입증되었다. 분
출오이(*Ecballium elaterium*)의 익은 꼬투리는 작은 포유
동물이 지나가다가 스치기만 해도 터지면서 씨들을 5미터
까지 날려보낼 수 있고, 히말라야봉선화(*Impatiens glan-
dulifera*)의 꼬투리는 살짝 건드리기만 해도 번개 같은 속
도로 까만 씨를 사방으로 내쏠 수 있다. 양귀비 같은 식
물은 식탁에 놓인 소금통 같은 구조를 가지고 있어서, 바
람에 흔들리다가 무엇인가에 부딪힐 때마다 씨가 튀어나
와 바닥에 떨어진다. 한편 많은 난초들의 씨는 먼지처럼
작아서 바람이 한 번 훅 불기만 해도 흩날린다.

그러나 현화식물이 바람, 물, 제트 추진력 같은 무생물적인 수단을 통해서만
유전자를 퍼뜨리는 것은 아니다. 백악기 이래로 현화식물이 서서히 적응방산을
거쳐서 점점 더 다양해질 때, 동물이 그들의 생존에 점점 더 중요한 역할을 맡게
되었다. 갈퀴덩굴의 일종인 갈리움 아파리네(*Galium aparine*)의 씨는 새나 포유
동물이 지나가다가 스칠 때 잘 달라붙도록 진화했다. 미국뚝지치(*Hackelia ame-
ricana*)의 씨도 지나가는 동물에 달라붙어서 무임승차할 수 있도록 갈고리가 달
려 있다. 이런 단순하지만 효과적인 씨 산포방식들은 해당 식물 종에 대단히 유
익하다는 사실이 입증되었다. 많은 동물 종은 꽃과 함께 진화하면서, 곧 꽃가루
를 옮기고 식물의 번식을 돕는 필수적인 존재가 되었고, 시간이 흐르자 속씨식물
쪽에서도 씨를 옮겨줄 동물을 꾀는 특수한 구조들이 진화하기 시작했다.

모든 동물은 살아가려면 양분을 소비해야 하며, 일반적으로 양분을 더 잘 확
보하는 개체가 더 건강하고 더 튼튼하게 자랄 것이고, 따라서 번식할 가능성도
더 높아질 것이다. 식물 세계는 이 원리를 활용한다. 식물은 씨를 영양가 있는 외
피로 둘러싸서 동물에게 제공한다. 동물이 그것을 먹으면 외피는 소화되고 씨는
배설물에 섞여나온다. 시간이 흐르자 다양한 속씨식물에서 씨를 감싸는 유혹하

는 빛깔을 띤 달콤한 과육이 진화했다. 동물은 그것을 먹고 보답으로 씨를 발아하기에 적당한 장소로 옮겨준다. 바로 열매가 진화한 것이다. 수백만 년에 걸쳐 자연선택을 통해서 다양한 형태의 열매가 진화했다. 가장 유혹적인 색깔과 맛을 가진 열매가 가장 동물을 잘 유혹했을 것이고, 그 동물들은 식물에게 가장 효과적인 씨 산포 서비스를 제공했을 것이다. 시간이 흐르자, 달콤한 과육은 많은 동물의 식단에서 중요한 자리를 차지하게 되었고, 그 결과 최초의 과식동물(frugivore)이 탄생했다.

약 6,500만 년 전 신생대 제3기가 시작될 무렵에, 씨를 잘 퍼뜨리기 위해서 이런 보상을 주는 방식을 택한 식물들이 이미 많이 출현했다. 이들의 진화는 산포자인 동물들의 선호도와 긴밀한 관계를 맺고 있었을 것이다. 과식동물의 종이 늘어나고 다양해짐에 따라, 그들이 더 크고 더 과육이 많은 열매가 진화하도록 촉진했다는 가설이 나와 있다. 열매를 먹는 동물들은 섭식 효율을 최대화하기 위해서 가장 크고 가장 영양가가 높은 열매를 골라 먹었을 것이고, 그 결과 열매는 점점 더 크고 더 과즙이 많고, 이윽고 더 영양가가 많아지도록 진화했다는 것이다. 그와 동시에, 더 작은 열매를 먹는 쪽으로 진화한 동물들도 있었고, 이런 과정을 통해서 열매는 다양한 모양과 크기로 진화했다. 오늘날 전 세계에서 볼 수 있는 엄청나게 다양한 열매들은 바로 그런 진화과정이 일어났음을 말해준다. 각각의 열매는 자신의 자생지에 사는 동물들을 통해서 DNA를 퍼뜨리기 위한 나름

"오늘날 우리 주변에 있는 식물 종들은
저마다 다른 방향으로 적응한
온갖 씨를 가지고 있으며,
각각의 씨 형태는 자기 나름의 환경과
생활사에 맞게 발달한 것이다."

의 독특한 운반수단으로서 진화한 것이다.

당분이 가득한 장과(berry)는 많은 조류와 작은 포유동물이 가장 탐내는 열매이다. 인시티티아자두(*Prunus insititia*), 양벚나무(*P. avium*), 가시자두(*P. spinosa*) 같은 종들은 열매 안에 씨가

두리안 열매는 냄새가 워낙 강해서 말레이시아는 이 열매를 가지고 대중교통을 이용하는 것을 금지했다. 오랑우탄은 이 열매를 무척 좋아한다.

하나만 들어 있는 반면, 엘더베리(elder berry)와 서양호랑가시나무의 열매에는 여러 개의 씨가 들어 있다. 딸기(strawberry), 라즈베리(raspberry), 블랙베리(blackberry)는 영어 이름과 달리 장과가 아니라, 씨를 하나씩 가진 작은 열매들이 모여서 이루어진 '집합과(multiple fruit)'이다. 두리안속(*Durio*) 식물들의 열매는 볼링 공만큼 크고 단단한 외피로 둘러싸여 있는데, 아시아 영장류들은 능숙한 손놀림으로 이 외피를 깬다. 그들은 안에 들어 있는 견과처럼 생긴 씨들은 그냥 버린다. 아프리카 숲의 영장류는 시지기움 구이넨세(*Syzygium guineense*)의 열매, 테니스 공만 한 사바 코모렌시스(*Saba comorensis*) 열매, 야생 무화과, 소시지나무(*Kigelia africana*)의 길이가 50센티미터에 달하는 열매를 비롯하여 수백 가지 열매를 빠르게 먹어치우면서 숲과 사바나에 씨를 퍼뜨린다. 야생 바나나(*Musa acuminata*)는 짧은코과일박쥐(*Cynopterus sphinx*)의 입맛에 맞게 진화했으며, 탄닌 성분이 많이 든 도토리는 다람쥐를 제외한 거의 모든 야생동물들의 입맛에 맞지 않도록 진화했다. 다람쥐는 도토리를 땅에 묻는 습성이 있어서 식물에 도움을 준다. 열매에는 카로테노이드(carotenoid), 플라보노이드(flavonoid), 베타레인(betalain) 같은 색소가 들어 있어서 저마다 독특한 색깔을 띠며, 이 색깔은 시력이 좋은 동물, 특히 새를 유혹하기 위한 것이다. 또 휘발성 화학물질이 들어 있어서 강한 냄새를 풍김으로써 코로 먹이를 찾는 동물을 꾀어들이는 열매도 있다.

그러나 열매를 먹는 모든 동물이 식물이 원하는 효율적인 산포자는 아니다. 씨를 먹은 뒤 멀리 가지 않는 동물도 있고, 소화기관에서 씨를 파괴할 만큼 강력한 소화액이 분비되는 동물도 있다. 또 바구미류처럼 씨를 게걸스럽게 먹어치우는 기생동물도 있다. 그들은 씨를 직접 먹어치워서 씨가 발아할 기회 자체를 없앤다. 그리고 씨가 어찌되든 무시한 채, 열매의 달콤한 과육만을 훔쳐 먹는 동물도 있다. 이런 달갑지 않은 동물들을 물리치기 위해서, 많은 식물들에서는 맛이 없게 하는 화합물이 들어간 씨나 과육이 진화했다. 사실 최초의 열매 구조 자체

위 **평원의 유령**

1만4,000년 전 아메리카 초원에는 온갖 거대한 동물들이 살았다. 현재 대부분은 멸종했다.

가 그 안에 든 씨를 보호하기 위한 화학적 방어수단으로 진화한 것이라고 주장하는 이론도 있다. 그러나 열매와 씨에 든 독소는 비효율적인 산포자의 입맛을 떨어뜨리는 한편으로, 유용한 동반자가 될 수 있을 동물에도 해로울 것이다.

그래서 많은 새와 포유동물은 식단의 일부로서 진흙 같은 흙을 먹는 토식(土食, geophagy) 행동을 한다는 것이 널리 알려져 있다. 흙의 광물 구조는 식물의 독소를 흡착시켜 제거하는 데에 도움을 준다. 따라서 이런 흙을 식단에 포함시킨 동물들은 유독한 열매를 먹어도 씨를 퍼뜨릴 수 있다. 아시아의 남부, 중부, 남동부에서 사는 붉은털원숭이(*Macaca mulatta*)도 토식 행동을 하는데, 이들은 먹은 씨와 열매의 탄닌을 흡착시키기 위해서 진흙을 먹는다. 또 많은 앵무 종들도 너무 많은 열매를 먹어서 생기는 중독 증상을 없애려고 강둑에 있는 흙을 핥아먹곤 한다. 동물의 이런 행동 덕분에, 독성이 있는 씨도 퍼뜨려진다.

오늘날 열대에서 자라는 나무 종의 95퍼센트가 과식동물을 통해서 씨를 퍼뜨리는 것으로 추정되며, 화석 기록에 남아 있든, 현재 열리든 간에 모든 열매는 식물이 자신의 동물 동반자와 맺은 오랜 진화적 관계의 산물이다. 이런 진화적 동반자 관계의 산물인 열매는 이 관계가 얼마나 깨지기 쉬운지를 보여주는 사례가 되기도 한다. 오늘날 우리가 보는 열매를 맺는 종들 중에는 더 이상 동물 산포자가 찾아오지 않는 식물이 많기 때문이다. 이런 열매를 시대착오적 열매라고 한다. 이들은 독특한 모양과 형태로 진화했지만, 오늘날에는 플라이스토세에 그들과 함께 진화했으나 이미 멸종한 거대한 동물들의 먹이였던 시절을 떠올리게 하는 존재로 남아 있다. 북아메리카의 평원에는 6,500만 년 전 공룡이 사라진 이후에 몸집이 가장 장엄한 동물들이 살고 있었다. 매머드, 대형 고양이류, 거대한 북극곰 같은 동물들이었다. 남아메리카에도 하마를 닮은 거대한 톡소돈(toxodon), 거대한 땅늘보인 메가테리움(*Megatherium*), 거대한 엄니를 자랑하던 곰포데어(gomphothere)를 비롯하여 온갖 장엄한 거대 동물들이 살고 있었다. 그들은 그곳에서 수천만 년 동안 번성했다. 그러다가 약 1만4,000년 전 베링 해 육교를 통해서 아시아에서 초기 인류 사냥꾼들이 들어왔다. 동물 가죽으로 지은 옷을 입고 돌촉을 동여맨 창으로 무장한 사냥꾼들이었다. 그로부터 겨우 1,000년이라는 짧은 기간에 남북 아메리카의 거대 동물들은 사라져갔다. 그들의 멸종이 오로지 노련한 사냥꾼들의 능력 때문이었는지는 불확실하지만, 약 1만3,000년 전에 이 거대 동물들은 완전히 사라졌다. 그러자 많은 식물들도 쇠퇴하기 시작했고, 시간이 흐르자 동물들의 뒤를 따라 멸종의 길을 걸었다. 열매를 이용하여 동물을 꾀어 씨를 부모 식물로부터 멀리 옮겼던 종들이 가장 먼저 사라졌을 것이고, 열매가 근처에 떨어져서 씨가 가까이에서 발아해도 살아남을 수 있는 종이나 뿌리에서 새로 싹을 내밀어서 새로운 개체를 만들 수 있는 종은 국지적으로 개체군을 유지하면서 버틸 수 있었다. 플라이스토세에 열매를 맺던 식물들 중 상당수는 그런 거대 동물들과 동반자 관계를 맺으면서 진화했고, 다른 동물들은 거대 동물들이 맡았던 씨 산포자 자리를 대신할 수 없었다. 그 결과 이 열매식물들 중 소수는 극도로 한정된 서식지에만 남아 있으며, 그들 중에는 멸종 위기에 직면한 것들이 많다. 이제는 인간만이 그들의 씨 산포자 역할을 한다.

이 식물들을 연구하는 과학자들은 부모 종의 수관 밑으로 떨어져서 썩어가는 커다란 과육질 열매를 만드는 나무들이 시대착오적 종의 징후라고 본다. 진화적으로 볼 때, 동물이 먹지 않는 커다란 과육질 열매를 만드는 것은 엄청난 자원 낭비이다. 그런 식물의 씨가 부모 나무의 밑에서 발아한다면, 물, 빛, 양분을 놓

위 진화의 유령

본래 씨를 옮겨주던 산포자가 대부분 사라졌기 때문에, 현재 아보카도는 주로 인간의 재배를 통해서 유지되고 있다.

고 부모 식물과 직접 경쟁하게 될 것이다. 시대착오적 종들 가운데, 아마 가장 알아보기가 쉬운 것이 아보카도(*Persea americana*)일 것이다. 전 세계에서 샐러드와 맛 좋은 요리의 재료로 쓰이는 이 기름진 과일은 플라이스토세에 거대한 땅늘보와 장엄한 매머드와 함께 진화했고, 그들을 통해서 골프 공만 한 씨는 남아메리카 전역으로 쉽게 퍼졌을 것이다. 그러나 오늘날 서식지에서 아보카도의 커다란 씨를 삼켜서 퍼뜨릴 수 있는 동물은 좀처럼 보기 힘든 재규어밖에 없으며, 따라서 자생하는 야생 아보카도는 거의 남아 있지 않다. 아보카도에는 다행스럽게도 이 종의 주요 씨 산포자 역할을 떠맡은 종이 있다. 바로 호모 사피엔스이다. 인류가 이 과일을 무척 좋아하게 된 덕분에 아시아, 유럽, 아프리카 전역에서 이 종의 다양한 품종들을 볼 수 있다.

켄터키커피나무(*Gymnocladus dioicus*)도 씨 산포자 없이 살아가는 시대착오적 종이다. 이 식물의 씨가 발아하려면 커다란 검은 꼬투리를 대형 과식동물이 이빨로 갉고 벗겨내야 하는데, 대형 동물들이 사라지면서 이 종은 중서부 범람원의 몇몇 자생지에서만 간신히 살아남았다. 긴 꼬투리를 맺는 글레디트시아 트리아칸토스(*Gleditsia triacanthos*), 그레이프프루트만 한 열매가 달리는 오세이지오

렌지(*Maclura pomifera*), 달콤한 열매를 맺는 포포나무(*Asimina triloba*)도 북아메리카에서 같은 운명에 처해 있고, 중앙 아메리카와 남아메리카에서는 아노나속(*Annona*)과 달콤한 열매를 맺는 파파야(*Carica papaya*)가 그러하다. 시대착오적 종을 연구하는 과학자들은 동물 동반자 없이 이 나무들이 살아온 1만3,000년이라는 세월이 세대로 따지면, 겨우 52세대에 불과하다고 계산했다. 지질학적으로 보면 눈 깜짝할 시간이다.

아메리카에 처음 들어온 클로비스인(Clovis people)은 플라이스토세의 거대 동물들을 사냥하여 이윽고 멸종시켰을 때, 자신들의 행동이 장기적으로 아메리카 생태계에 어떤 영향을 미칠지 전혀 생각도 하지 않았을 것이다. 지금 우리는 씨 산포가 서식지의 조성을 유지하는 데에 대단히 중요하다는 것을 안다. 예를 들면, 파나마 정글을 조사하자, 일부 나무 종들에서 부모 나무의 바로 밑에 떨어진 씨는 99퍼센트가 1년 이내에 썩어서 사라진 반면, 겨우 45미터 떨어진 곳으로 퍼진 씨는 생존율이 훨씬 더 높다는 사실이 드러났다. 또 우리는 산포로 개체 사이의 유전자 교환이 늘어나고, 그 결과 종 전체의 유전적 다양성이 증가한다는 것도 안다. 유전자 풀이 더 넓을수록 식물은 서식지 변화에 더 잘 견딜 수 있으며, 수백 년 또는 수천 년을 내다볼 때, 미래에 더 큰 개체군을 확보하는 데에도 도움이 된다. 그러나 우리가 이런 지식을 갖추었음에도 불구하고, 오늘날 전 세계의 열대림에서 벌어지고 있는 상황은 섬뜩하게도 플라이스토세의 멸종을 떠올리게 한다. 페루의 아마존 유역에서는 밀렵으로 잡은 야생동물의 고기가 불법으로 거래되면서 큰 씨를 퍼뜨리는 일을 하는 영장류를 비롯한 과식동물의 개체 수가 급격히 줄어들었다. 그에 따라 이런 동물들이 퍼뜨리는 커다란 씨를 맺는 나무들의 수가 줄어들기 시작하면서, 리아나처럼 바람을 통해서 씨를 퍼뜨리는 식물들이 그 자리를 차지했다. 브라질에서는 맥과 아구티에게 같은 일이 벌어지고 있다. 이 두 동물은 야자나무 자생종들의 씨를 퍼뜨리는 중요한 역할을 하는데, 둘 다 서식지 상실과 사냥의 위협에 시달리고 있다. 마찬가지로 중앙 아프리카의 울창한 숲에서는 씨를 퍼뜨리는 둥근귀코끼리가 큰 열매를 맺는 수많은 나무 종들의 다양성을 유지하는 데에 핵심적인 역할을 한다. 코끼리에게 전적으로 의지하는 종도 있다. 그런데 둥근귀코끼리의 개체 수가 줄어들면서 더 어린 나무들에서 다양성이 뚜렷하게 감소했다. 이런 연구들이 궁극적으로 우리에게 말해주는 것은

식물 다양성을 유지하려면, 이 자연 서식지에서 동물 개체군을 보호해야 한다는 것이다. 영장류, 육지거북, 코끼리가 사라진다면, 그들이 퍼뜨리는 식물들도 사라질 것이고, 인류가 의지하는 자원을 제공하는 더 큰 서식지들도 사라질지 모른다.

전 세계의 보전생물학자들은 현재의 동식물들이 플라이스토세의 생물들과 같은 운명을 맞이하지 않도록 하기 위해서 많은 노력을 기울이고 있지만, 이미 때가 늦은 동식물들도 있다. 큐 왕립 식물원의 온대관에는 세상에서 가장 희귀한 식물에 속하는 종이 하나 있다. 이 놀라운 생존자는 엔케팔라르토스 오디(*Encephalartos woodii*)로서, 키가 약 2미터이며 울퉁불퉁한 줄기에 잎은 소철류 특유의 깃털처럼 생긴 짙은 녹색이다. 지금까지 야생에서는 줄룰란드의 응고예 숲의 암반이 드러난 가파른 비탈에서 자라는 수나무 한 그루만이 1895년에 발견되었을 뿐이다. 큐 식물원의 나무는 그 식물의 일부를 잘라다가 키운 것이다. 1916년에는 그 마지막 나무조차 야생에서 뽑아 옮겼다. 지금까지 암나무는 한 그루도 발견되지 않았기 때문에, 오늘날 재배 중인 수나무들은 결코 자연번식은

할 수 없을 것이며, 결코 씨를 맺을 수도 없을 것이다. 일부를 잘라서 클론을 만드는 원예학자들에게 의지하여 살아갈 수밖에 없다. 그러나 나머지 식물 세계는 아직 시간적으로 여유가 있으며, 오늘날 큐 식물원의 원예학자들과 식물학자들은 아직 너무 늦은 것은 아니라고 믿고 있다.

소철인 엔케팔라르토스 오디 같은 식물이 전 세계의 수많은 식물 종의 취약성을 대변한다고 한다면, 큐 식물원에는 식물이 위태로운 조건에서도 타고난 생존능력을 가지고 있음을 대변하는 종들도 있다. 이런 종들은 식물이 본래 생존 전문가임을 우리에게 상기시킨다. 이 종들은 지구 생태계를 이루는 식물 군집들을 보전하려는 노력을 꾸준히 지속하도록 우리의 의욕을 고취시킨다. 프로테아과(Proteaceae)의 커다란 노란 꽃을 피우는 나무바늘방석(*Leucospermum cono-carpodendron*), 아카시아속의 한 종, 화사한 꽃을 피우는 리파리아속(*Liparia*)의 한 종이 바로 그런 사례이다. 이 세 종의 원산지는 남아프리카의 케이프 지역이다. 1803년 차와 비단을 실은 헨리에테 호라는 프로이센의 배가 중국에서 유럽으로 가던 중에 희망봉 근처에 정박했다. 배에 필요한 물품을 싣는 동안, 승객인 얀 테르링크라는 네덜란드 상인은 짬을 내어 케이프에서 번성하는 다양한 꽃과 식물의 씨를 채집했고, 채집한 32종을 일지에 상세히 기록했다. 그러나 유럽으로 돌아오다가 헨리에테 호는 영국 군함에 나포되었고, 테르링크의 일지와 그 안에 끼워두었던 씨는 압류되었다. 군함이 영국으로 돌아왔을 때, 헨리에테 호의 많은 문서들은 테르링크의 일지와 함께 해군 본부로부터 런던 탑으로 옮겨졌고, 150년 넘게 그곳에 그대로 보관되었다. 그러다가 2006년에 헨리에테 호의 물품들은 국립 문서보관소로 옮겨졌고, 어느 날 그곳에서 일하던 네덜란드 연구자가 신기한 붉은색의 일지를 발견했다. 들춰보니 종이 사이사이에 씨들이 담긴 40개의 봉투가 끼워져 있었다. 그는 곧 이 32종의 씨를 몇 개씩 추려서 밀레니엄 종자은행의 전문가들에게 보냈다. 전문가들은 씨를 일차 분석한 뒤에, 아직 발아가 가능한지 알아보기로 했다. 다양한 온도와 습도에서 200년 넘게 노출된 씨였기 때문에, 어떤 결과가 나올지는 아무도 알 수 없었다. 우려했던 대로 32종 가운데 29종의 씨는 물이나 양분에 반응하지 않았지만, 3종은 기적처럼 싹을 내밀고 뿌리를 뻗기 시작했다. 리파리아속의 씨로 밝혀진 것들에서는 건강한 16개체가 자란 반면, 나무바늘방석의 것으로 밝혀진 씨에서는 8개 중 1개가 싹이 텄다. 그리

고 아카시아속의 작은 종의 씨는 온전한 것이 1개뿐이었
는데, 그것에서 싹이 돋아났다. 이 마지막 식물이 정확히
어떤 종인지는 아직 밝혀지지 않았지만, 여러 해가 지나
꽃을 피우면 알 수 있을 것이다.

이 씨가 발아할 수 있었던 것은 어느 모로 보나 기적이
나 다름없었다. 곡류는 가장 강하다고 알려진 종의 씨라
도 그렇게 오랜 기간 방치된다면 죽었을 것이다. 테르링
크의 놀라운 표본들을 연구한 종자 형태학자들은 케이
프 지역의 많은 식물들이 자생지에서 종종 발생하는 화
재에 대처하도록 진화했기 때문에 이 씨들이 유달리 강
한 보호 외피를 가지게 되었을 것이라고 믿는다. 그것이
씨들의 내구성을 어느 정도 설명해줄 수 있을 것이다. 이
유가 무엇이든 간에, 이 씨는 보전생물학자의 마음에 희
망을 심어준다.

큐 왕립 식물원은 식물 표본 채집, 동정, 연구의 길고
도 풍부한 역사를 가지고 있으며, 현대 식물학이 탄생
한 이래로 큐는 인류와 식물의 관계를 연구하는 최전선
에 서 있었다. 식물 채집이 더 이상 전적으로 호기심에
서 비롯된 행위가 아니라 인류 종의 생존을 확보하기 위
해서 대단히 중요한 보전도구가 되는 불확실한 시대로
들어서는 지금, 큐 식물원은 다시금 앞장서서 길을 인도하고 있다. 런던 남쪽으
로 약 80킬로미터 떨어진 아름다운 전원 풍경 속에는 지구의 생물 다양성 상실
에 대비한 큐 식물원의 궁극적인 보험증권이 놓여 있다. 바로 밀레니엄 종자은행
(Millennium Seed Bank)이다. 이곳은 세계 최대의 종자은행들 중 한 곳이며, 지구
최대의 서식지 외(ex-situ) 보전계획의 중심지이다. 이 종자은행의 주된 목표는 씨
를 채집하고 저장함으로써 대대손손 지구 식물들의 다양성을 유지하는 것이다.
야생에서 어떤 식물 종이 사라진다고 해도 이 은행에 씨가 보관되어 있다면, 그
씨에서 식물을 키울 수 있고, 시간이 흐르면 자생지에 다시 도입할 수 있다는 희
망을 간직할 수 있다. 서식스 지방의 외진 곳의 야생화 풀밭에 둘러싸인, 유리와

종을 보전하는 것은 그저 과학을 위한 것만이 아니라, 지구의 모든 이들의 삶의 질을 향상시키려는 노력이기도 하다.

금속으로 지어진 이 종자은행의 거대한 건물만 보고는 내부 깊숙한 곳에서 얼마나 중요한 일들이 이루어지고 있는지를 짐작조차 할 수 없을 것이다. 유리벽으로 된 긴 복도를 따라 들어가면, 흰 실험복을 입은 과학자들이 발아한 씨와 식물체를 현미경으로 분석하느라 바쁘게 일하는 연구실들이 나타난다. 생태학자와 종자 채집가는 새로 들어온 씨들을 펼치고 분석할 준비를 하며, 50개국의 과학자들로 구성된 국제 연구진은 전문지식을 활용하여 전 세계에서 온 유리병들에 담긴 씨들을 동정하고 목록을 작성한다.

이 과학활동의 중심지가 역사상 가장 미래 지향적인 보전계획 중 하나의 산물이기는 하지만, 이런 구상이 처음 나온 것은 100여 년 전인 19세기 말이었다. 1898년 큐 식물원에서 일하던 호레이스 브라운과 퍼거슨 에스컴이라는 두 연구자는 다양한 식물들의 씨를 저온에서 얼마나 오래 저장할 수 있는지 연구하기 시작했다. 그들은 이윽고 「저온이 씨의 발아력에 미치는 영향에 관한 소고」라는 제목의 논문을 발표했다. 그들의 연구는 식물의 천연 '생존 캡슐'인 씨를 춥고 건조한 조건에서 생존한 상태로 장기간 저장할 수 있다는 개념으로 이어졌고, 1960년대 말에 큐 식물원의 연구소에 씨를 보존할 간소한 종자 저장소가 세워졌다. 이 종자 저장소는 원래 전 세계의 식물 연구소들과 교환할 식물체를 보관할 목적으로 세운 것이었다. 그러나 큐의 씨와 식물체 채집물이 계속 늘어나자, 곧 더 큰 저장소가 필요해졌다. 그래서 1970년대에 점점 늘어나고 있던 씨들을 서식스에 있는 웨이크허스트 플레이스로 옮겼다. 저온 저장을 위해서 특별히 설계한 곳이었고, 대규모의 국제적인 종자 수집 탐사대가 처음 발족한 곳도 바로 이곳이었다.

큐 식물원에서 전 세계의 서식지에서 자라는 식물들을 기재하고 목록을 작성하는 연구가 점점 더 확대되어감에 따라, 웨이크허스트 종자은행에서의 연구도 더욱 활기를 띠었다. 시설물이 늘어나자, 1981년에 종자은행 업무 담당자들과 종자 연구자들로 이루어진 별도의 부서가 설치되었고, 1983년에는 전 세계의 열대와 건조지대의 가장 위험에 처한 서식지들에서 자라는 식물들을 기재하고 보전하기 위해서 종자 교환 프로그램이 시작되었다. 그러나 연구자들과 보전생물학자들이 지구의 생물 다양성의 현재 상태와 인류가 식물 세계에 얼마나 의지하고 있는지를 더 많이 밝혀낼수록, 미래 세대를 위해서 지구의 건강을 유지하려면 엄청난 규모의 계획이 필요하다는 점이 점점 더 분명해졌다.

우리 행성이 먹여살릴 인구는 빠르게 증가하고 있는 반면—유엔은 2100년이면 세계 인구가 100억 명에 이를 것이라고 추정한다—식물은 이미 수백 종이 사라졌다. 식량이 부족해질 것이라는 전망이 점점 더 현실화될수록, 전 세계에서 단백질을 공급하는 동물 대신에 식물에 의지해야 하는 사람들은 점점 더 늘어날 것이고, 그에 따라 우리는 더욱더 식물 세계에 의존하게 될 것이다. 현재 인류 식단의 80퍼센트는 겨우 12종의 식물들로 이루어져 있다. 덩이줄기류 4종과 곡류 8종이다. 여기에 인류가 일상적으로 먹는 식물 종까지 다 더해도 전체 식물 종의 약 7-8퍼센트에 불과하다. 이렇게 지극히 불균형적으로 극소수의 식물에 의지하면서 나머지 수많은 종들을 외면하기 때문에, 인류는 아주 취약한 입장에 놓인다. 단일 경작이 질병과 급격한 기후 변화에 취약하다는 사실이 잘 알려져 있듯이 말이다. 과학자들은 점점 늘어나는 인구를 지탱하는 데에 도움을 줄 만한 덜 알려진 식물 종들에 관심을 기울여야 할 때가 왔다는 점을 명확히 인식하게 되었다. 1990년대 중반에 큐의 밀레니엄 종자은행 계획을 담당한 과학자들과 식물학자들은 인류에게 주된 생명줄이 될 만한 식물을 찾아내는 것이 중요하다고 역설하고 나섰다.

1995년에 밀레니엄 종자은행의 설립계획이 구상되었을 때, 많은 이들은 그것이 불가능한 과제라고 생각했다. 영국제도에 있는 모든 야생식물 종의 씨를 채집하여 저장하겠다니 말도 안 되는 소리였다. 다행히도 큐 식물원에는 오랜 세월 채집가들이 활동을 해왔기 때문에, 이 과제를 맡은 이들은 유리한 입장에 있었다. 씨의 60퍼센트는 이미 저장되어 있었다. 게다가 영국제도 같은 섬들은 서식지 유형이 상대적으로 적고, 따라서 종의 수도 적다는 사실에 힘입어, 연구진은 기대치를 훨씬 더 초과하는 성과를 올렸고, 겨우 몇 년 사이에 1,800여 종 가운데 무려 97퍼센트에 해당하는 종의 씨를 모아서 저장할 수 있었다. 이 계획의 성공은 언론의 큰 주목을 받았고, 큐 식물원의 성취뿐 아니라 그런 성취가 과학적으로 어떤 의미가 있는지까지도 폭넓게 다루어졌다. 그 후 이 계획은 지구의 생물 다양성을 보전하려는 노력에 중요한 이정표가 되었다. 이 계획이 점점 더 추진력을 얻음에 따라, 많은 기부자들로부터 기부금을 받아서 1998년 웨이크허스트에 새로운 첨단 저장소를 건설할 수 있게 되었다. 전 세계에서 온 종자를 연구하고 저장하기 위한 이 첨단시설은 후손들을 위해서 전 세계 식물들의 DNA 물질을 저장하도록 특수 설계되었다. 지상부는 여느 첨단 연구시설과 별 다를 바가 없어 보이지만, 이 시설의 진정한 핵심은 지하에 있다. 유리 엘리베이터를 타고 내려가서 널찍한 첨단 안뜰을 지나서, 강철로 보강된 문으로 들어가서 에어록을 지나면 밀레니엄 종자은행의 중심부, 겹겹이 보강된 드넓은 종자 보관소가 나온다. 이 안의 씨들이 언젠가는 지구의 식물 다양성, 그리고 궁극적으로 인류의 생존 열쇠가 될 수 있기 때문에, 저장소는 예측할 수 있는 모든 격변에 견딜 수 있도록 지어졌다. 콘크리트 벽은 핵폭발의 방사선에도 내용물을 보호할 수 있도록 두께가 1미터를 넘으며, 항공기가 충돌해도 버틸 수 있을 만큼 튼튼하다. 첫 번째 에어록 안으로 들어서면 건조실이 있고, 그곳을 지나서 보관실 몇 군데를 거쳐야 종자 저장소의 심장부가 나온다. 영하 20도로 유지되는 이곳에는 거대한 저온 저장장치들이 끝이 보이지 않을 만큼 많이 들어서 있으며, 각 저장장치에는 전 세계에서 온 씨가 담겨 있는 유리병이 수천 개씩 들어 있다.

밀레니엄 종자은행의 첨단 종자 저장소는 2000년에 완공되었고, 큐의 과학자들은 2010년까지 전 세계 식물 중 10퍼센트인 약 2만4,000종의 씨를 모은다는 이 혁신적인 계획의 다음 단계로 진입했다. 건물이 완공되자마자, 저장소의 차가운 선반들은 빠르게 씨들로 채워지기 시작했다. 135개국에서 웨이크허스트로 종자 표본들이 밀려들기 시작하면서, 저장되는 종의 수는 10퍼센트라는 목표에 점점 다가갔다. 마침내 2009년 중반에, 50여 개국의 120곳이 넘는 협력기관들의 도움을 받아서, 2만4,200종의 씨가 모였다. 마지막을 장식한 씨는 중국에서 온 야생 바나나의 분홍색 변종이었다. 이 식물은 아시아코끼리의 중요한 먹이일 뿐 아니라, 바나나 작물의 유전적 활력을 높일 수 있는 중요한 유전자 자원이기도 하다. 이 씨도 세척하고, 엑스선을 쬐고, 건조한 뒤 다른 씨들과 마찬가지로 밀레니엄 종자은행에 저장되었다. 그럼으로써 세계의 식물 자원을 보전하기 위한 가장 중요한 단계 중 하나가 완결되었다.

채집되어 저장된 씨들 중 상당수는 얼마나 오랫동안 생존할 수 있는지가 불명확하다. 그 씨들을 이런 식으로 저장하려고 시도한 적이 한번도 없었기 때문이다. 따라서 주기적으로 씨들의 생존 가능성을 조사해야 했다. 이를 위해서 씨 일부를 저장소에서 꺼내서, 양분이 든 젤리에서 발아시킨 뒤 뿌리와 싹이 자라는 양상을 살펴본다. 씨가 발아에 성공하면, 그 씨는 저장소에 10년 더 보관할 수 있다. 그러나 제대로 발아하지 않거나 돌연변이가 생겼음이 드러나면, 더 많은 씨 표본을 발아시켜서 조사해야 하며, 야생에서 새로 씨를 채집하여 대체할 수도 있다. 2012년에 큐 식물원과 전 세계의 협력기관들은 다시 한번 예상치를 넘어서는 성과를 올릴 수 있을 것이라고 기대하면서, 새로운 목표를 설정했다. 2020년까지 세계 식물 종의 15퍼센트에 해당하는 씨를 추가로 더 채집하여 안전하게 저장하겠다는 것이다. 자생지 국가 자체의 종자은행 외에 예비용으로 전 세계 식물의 4분의 1에 해당하는 씨를 밀레니엄 종자은행에 저장하겠다는 이 믿기 어려운 목표가 이루어진다면, 이 표본은 세계에서 가장 귀중한 생물 자원이 될 것이 분명하다. 밀레니엄 종자은행의 표본은 매일 늘어나고 있다. 해마다 약 3,200종의 씨가 저장소의 빈 선반을 채우고 있다. 그중에는 과학계에 알려져 있지 않은, 어떤 종인지 모르는 신종일 가능성이 있는 씨도 있는데, 지난 10년 동안 250종이 넘었다. 이런 수치들은 이 계획에서 가장 의미 있는 부분일 것이다. 그만큼 많은 식물들을 대상으로 결코 멸종하지 않도록 충분한 유전물질을 확보했다는 의미이기 때문이다.

가능한 한 많은 종의 미래를 확보하는 능력이야말로 밀레니엄 종자은행이 세운 목표의 핵심을 이룬다. 큐 식물원뿐 아니라 전 세계의 다른 주요 종자 저장기관들도 이 거대한 '식물 도서관(library of plant life)'을 짓는 데에 힘을 보태고 있다. 노르웨이의 스피츠베르겐 섬의 얼어붙은 산허리의 120미터 지하에는 장엄한 스발바르 세계 종자 저장소가 구축되어 있다. 오로지 야생종에만 초점을 맞춘 밀레니엄 종자은행과 달리, 최후의 저장소(Doomsday Vault)라는 별명이 붙은 스발바르 저장소에는 세계 대격변으로 모두가 사라질 가능성에 대비하여 세계에서 가장 중요한 작물들의 씨도 보관하고 있다. 북극에서 1,000킬로미터 떨어진 곳의 얼음과 암석 아래에 묻혀 있는 이 종자 저장소는 설령 전력이 끊긴다고 해도 씨들을 추운 조건에서 유지할 수 있을 것이다. 이 말은 거의 전면적인 파괴라는 상상할 수도 없는 사건이 일어난다고 해도, 이 종들은 온전히 남아 있을 것이라는 의미이다. 전 세계에는 총 1,400여 곳의 종자은행이 있으며, 이 유전물질 자료은행들은 미래가 불확실해 보이는 인류 종의 생존에 중요한 도움을 줄 수 있을 것이다. 지구가 이미 겪었던 다섯 번의 대량 멸종 사건들에 비추어볼 때, 생물 다양성이 멸종 사건 이전 수준으로 회복되는 데에는 400만-2,000만 년의 시간이 걸린다. 앞으로 수십 년 사이에 멸종할 가능성이 있는 종들이 나중에 자연스럽게 복원될 때까지 우리는 그렇게 오래 기다릴 수가 없으므로, 이 종자 저장소들은 식물에 그런 일이 벌어지지 못하도록 막는 주된 도구가 될 것이다.

과학계와 더 나아가 전 세계에 이루 말할 수 없이 귀중한 자원인 이 종자들은 앞으로 지구의 생물 다양성을 유지하는 데에 가장 유용한 도구가 될 것이 분명하다. 그러나 그보다 더 앞선 첫 번째 목표는 저장된 유전물질이라는 이 생명줄을 잡아당겨야 하는 상황이 닥치기 전에, 지구의 모든 자연 서식지들의 건강을 보전하는 것이다. 어쨌거나 저장된 씨에서 식물

위 큐의 밀레니엄 종자은행
폭탄이 터져도 끄떡없을 종자 보관소는 우리 종의 최후의 생명줄이 될 수도 있다.

을 길러서 다시 정착시키려면, 그들이 자랄 수 있는 건강한 토양, 깨끗한 공기, 안정적인 기후가 필요할 것이며, 그들을 지탱할 건강한 서식지를 구성하는 동식물 이웃들이 있어야 한다는 것도 당연하다. 알다시피 그런 것들은 건강한 생태계에서만 얻을 수 있다. 하지만 동물의 보전은 식물의 보전보다 더 복잡하다. 식물과 달리, 동물은 단순히 작물의 꽃가루를 옮기는 벌의 알을 가져다가 얼리거나 씨를 옮기는 코끼리의 배아를 얼렸다가, 그 동물들이 멸종했을 때 그것들을 해동시켜서 다시 복원하는 것이 불가능하다. 우리는 꿀을 먹으면서 꽃가루와 씨를 옮기는 박쥐를 자생지로 다시 도입할 수 없을 것이며, 우림 서식지를 지탱하는 핵심 종인 영장류는 한번 사라지면 다시 부활시킬 수 없을 것이다. 이 종들을 보관할 저장소 같은 것은 결코 없다. 그들은 오직 수백만 년에 걸쳐 진화한 자연적인 생명의 그물 속에서, 자신을 지탱해주는 동시에 자신이 지탱하는 데에 한몫을 하는 그물 속에서만 살아갈 수 있다.

따라서 우리 행성의 야생 서식지에 있는 생명의 다양성을 생각할 때, 우리는 자

위 **여지**(lychee)

4,000년 넘게 재배되어왔으며, 중국 요리에 많이 쓰인다.

연이 근본적으로 서로 연결되어 있다는 존 뮤어의 말을 떠올려야 한다. "우리가 무엇인가를 하나 집어내려고 하면, 우주의 모든 것들이 딸려온다." 눈에 띄지 않는 어느 식물이나 동물 종을 보전하는 것이 때로는 하찮아 보일 수도 있지만, 생명의 그물 내에서 생물이 맺는 관계는 너무나 복잡하기 때문에, 단 한 종만 사라져도 일련의 사건들이 벌어져서 예측할 수 없는 결과가 빚어질 수 있다. 한 식물 종이 사라진다는 것은 한 곤충 종이 사라진다는 의미일 수 있고, 한 곤충 종이 사라진다는 것은 한 덤불이 꽃가루 매개자를 잃는다는 의미일 수 있으며, 한 덤불이 사라진다는 것은 한 포유동물이 먹이 식물을 잃는다는 의미일 수 있다.

따라서 많은 사람들이 지구 생명의 전체 역사에서 가장 중요한 시대 중 하나라고 믿는 이 시기를 계속 헤쳐나가려면, 우리는 오늘날 우리의 행동이 남길 유산을 생각해야 한다. 종이 사라져가는 현재의 속도가 지속된다면, 우리는 아마도 수백 년 안에 여섯 번째 대량 멸종 사건을 맞이할 것이다. 그러나 앞서 일어났던 다른 멸종 사건들과 달리, 이번 멸종 사건에 대해서는 하늘에서 내려오는 거대한 불덩어리나 화산 가스를 탓할 수도 없다. 이 멸종은 의식과 지능을 가진 믿어지지 않을 만큼 강력한 종이 일으키고 있으니 말이다. 인류에게는 지평선 저 멀리에서 어른거리는 세계적인 파국을 피할 기회가 한 번은 있다. 우리는 이루 헤아릴 수 없는 엄청난 양의 과학 지식을 통해서 질병을 치료하고 복잡한 기계를 만들고 우주를 탐사할 수 있으며, 방대한 생태학 지식을 통해서 단세포 생물에서 수백만 생물 개체로 구성된 먹이 사슬에 이르기까지 자연계의 기원과 내부활동을 이해할 수 있다. 우리는 이 행성의 건강을 진단할 수 있는 모든 지식과 기술을 가지고 있으며, 식물원과 대학과 지역 집단에서 나온 지식 덕분에 건강 문제를 바로잡는 데에 필요한 도구도 모두 갖추고 있다. 매일 이 연구자들과 활동가들의 헌신적인 노력을 통해서 세계적인 종 보전에 도움을 줄 새로운 발견들이 계속해서 나오고 있으며, 가장 중요한 점은 그들이 인류 사회와 자연 사이의 효과적이면서 지속 가능한 관계가 어떠한 것인지 제시할 수 있다는 것이다. 그러니 너무 늦기 전에, 우리는 서서히 올바른 방향으로 나아갈 수 있을 것이다. 궁극적으로 우리는 서식지 파괴, 온실가스 증가, 생물 다양성 감소와 같은 문제들이 경제와 정치를 이끄는 힘들과 본질적으로 연결되어 있고, 그런 힘들이 건강과 가난이라는 사회적 현안들과 연결되어 있음을 안다. 따라서 학계와 시민 단체가 정부가 귀를 기울이도록 하는 방법을 점점 더 많이 찾아낼수록, 우리는 인류와 자연이 모두 혜택을 보는 해결책에 서서히 다가갈 것이라고 기대할 수 있다.

18세기에 인류 사회가 식물 세계에 처음으로 관심을 가지게 된 것은 선구적인 탐험가들과 식물 사냥꾼들의 활동 덕분이었다. 그들은 식물들이 끝이 보이지 않을 정도로 다양하다는 사실을 밝혀냈다. 마찬가지로 우리는 식물학자들과 생태학자들의 연구가 앞으로 수십 년 이내에 다시 한번 우리를 일깨우고 우리가 올바른 결정을 내리도록 도울 것이라고 예상할 수 있다. 식물, 사실 지구의 모든 생물의 다양성을 유지하면서 인류 종의 생존을 확보하려면 올바른 균형을 이루어야 하며, 그것이 우리에게 엄청난 도전과제라는 점은 의심의 여지가 없다. 그러나 다행인 것은 우리가 도전을 즐기는 종이라는 사실이다.

감사의 말

이 책에서 다룬 식물들의 경이로운 삶은 세계 각국의 수많은 이들의 과학적 연구로 축적된 위대한 유산을 통해서 밝혀진 것들이다. 그러므로 이 책은 식물 세계의 다양성을 찬미하는 동시에, 그 수많은 연구자들의 노력을 기리는 것이기도 하다.

식물 세계에 관한 우리의 현재 지식에 기여한 과학자, 연구자, 전문가들을 일일이 언급하기란 불가능하므로, 여기서는 지식, 깨달음, 전문성을 토대로 이 책을 만드는 데에 직접적으로 도움을 준 주요 인사들의 이름만이라도 열거할 수 있다면 만족스러울 것이다.

큐 왕립 식물원 연구자들의 지속적인 지원이 없었다면, 이 책(그리고 함께 제작한 텔레비전 시리즈)은 나올 수 없었을 것이다. 이 책의 각 장들에 실린 수많은 연구 결과, 역사적 정보, 이야기는 큐의 뒤편에서 묵묵히 일하는 열정적인 원예학자들과 식물학자들을 수없이 만나면서 습득한 것들이다. 그들의 아낌없는 도움 덕분에 일반 대중에게 이루 가치를 따질 수 없는 정보를 제공할 수 있게 되었다. 그중에서도 안젤라 맥파랜드, 나이절 테일러, 칼르로스 막달레나, 모니크 시먼스, 크리스, 라이언, 닉 존슨, 제임스 비티, 라라 제위트, 웨스 쇼, 스콧 테일러, 마르첼로 셀라로, 데이브 쿡, 나이절 로스웰, 토니 힐, 스티브 케틀리, 캐티 프라이스, 리처드 윌퍼드, 키트 스트레인지, 해너 뱅크스, 마크 체이스, 필 모리스에게 고맙다는 말을 전한다. 또 이 책의 자료조사 단계에서 필요한 인물들과 식물들을 찾을 수 있도록 지친 기색 없이 계속 도움을 준 큐의 출판부와 시설 관리자들에게도 감사를 드린다. 특히 애너 퀸비, 브론윈 프리드랜더, 브리오니 필립스, 타린 배로먼, 조 맥스웰, 댄 매카시, 줄리 바워스로부터 크나큰 도움을 받았다.

이 책의 자료조사와 집필 과정이 스카이3D의 텔레비전 시리즈인 「데이비드 애튼버러와 함께하는 식물의 왕국 3D」 촬영과 동시에 이루어졌기 때문에, 이 기념비적인 계획을 실현시킨 애틀랜틱 제작사의 뛰어난 제작진에게도 큰 도움을 받았다. 특히 시리즈 제작자인 앤서니 게펜, 감독인 마틴 윌리엄스, 조감독 올리버 페이지, 편집자 피터 밀러에게 고마움을 전한다. 당연히 이 책은 그 제작진의 핵심 인물들에게 큰 도움을 받았다. 팀 크레이그, 롭 홀링워스, 팀 셰퍼드, 올윈 실베스터, 마리-루이즈 프렐레슨, 샬럿 퍼뮤트, 애너 레이너, 루스 세션스, 제임스 프로저, 매트 베이커-존스, 알렉산드라 첸체크, A. J. 버터워스, 자크 페펄, 스킵 하워드, 미니 질리건, 클로디아 퍼킨스, 앤디 셀리, 벤 맥과이어에게 특히 감사를 드린다. 이런 재능 넘치는 사람들과 함께 일한 것은 내게 크나큰 기쁨이었다.

또 스카이3D가 이 시리즈를 후원하고 내내 지원을 하지 않았다면, 이 시리즈는 제작될 수 없었다. 특히 세실리아 테일러, 존 캐시, 새러 니덤, 스튜어트 머피, 소피 터너-레잉에게 감사한다.

이제 이 책을 펴내는 데에 도움을 준 분들의 차례이다. 먼저 저작권 대리인인 커티스 브라운 사의 조너선 로이드에게 감사한다. 하퍼콜린스 출판사에서는 많은 인원이 이 책에 매달렸다. 마일스 아치볼드와 줄리아 코피츠에게 특히 감사한다. 큐의 출판부에 있는 지나 풀러러브, 피오나 브래들리도 교정 작업을 총괄하고 많은 사진들을 찾아내는 데에 대단한 기여를 했다. 그리고 장마다 큐의 많은 과학자들이 관대하게도 원고에 오류가 있는지 검토해주었다. 팀 엔트위즐, 마이크 페이, 브린 메이슨-덴팅거, 마크 네스빗, 휴 프리처드, 파울라 루델, 미셸 밴 슬래저린, 메리 스미스, 브라이언 스푸너, 마틴 에인스워드, 폴 캐넌, 볼프강 스터피의 도움을 많이 받았다. 큐의 사진작가 앤드루 맥로브는 멋진 사진을 많이 제공했다. 또 큐 왕립 식물원 원장인 스티븐 호퍼 교수에게도 감사를 드린다. 친절하게도 이 책의 서문까지 써주었다.

또 애초에 내가 식물 세계라는 엄청난 주제를 다룰 마음을 먹을 수 있었던 것은 부모님이 불어넣어준 자연에 대한 물리지 않는 호기심과 백스터스 농장의 텃밭을 가꾸면서 보낸 행복하기 그지없던 10년이라는 시간 덕분이었다.

마지막으로 가장 중요한 인물이 남았다. 나와 이 계획에 관여한 모든 이들은 데이비드 애튼버러에게 깊은 감사를 드린다. 애당초 이런 계획 자체가 가능했던 것은 자연 세계에 대한 그의 결코 지치지 않는 열정과 자연 세계의 모습을 모든 세대의 사람들에게 알리고자 하는 헌신적인 노력 덕분이었다. 이 지구의 식물상과 동물상의 진면목을 사람들에게 널리 알리는 일에 평생을 바쳐온 그의 한결같은 태도는 함께 일하는 모든 이들에게 끊임없이 영감을 불어넣는다.

역자 후기

우리는 흔하거나 보잘것없어 보이는 생물에는 별 관심을 두지 않는다. 불행히도 우리 주변의 식물은 대부분 그런 사례에 속한다. 잡초든 잘 가꾼 정원수든 간에 풀을 뽑아야 하는 사람이나 주인 등 몇몇 사람들만 관심을 가질 뿐, 대부분은 아예 시선도 주지 않은 채 지나친다. 그 잡초가 알레르기를 일으킬 수 있는 외래종이라거나 그 나무가 수억 원짜리는 말을 하면, 그제야 잠시 관심을 가질 뿐이다. 그러나 지금의 우리는 식물이 없었다면 아예 존재할 수가 없었다. 식물이 오랜 세월에 걸쳐 산소를 뿜어내고 숲과 초원을 만든 덕분에 우리가 이 자리에 있는 것이다.

이 책은 식물이 어떻게 지금처럼 다양한 모습을 띠게 되었는지, 어떤 식으로 다른 생물들과 상호작용을 하는지를 아름다운 사진들을 곁들여 설명한다. 절묘한 색깔로 벌을 꾀는 꽃, 수 킬로미터까지 향기를 뿜어내서 나방을 끌어들이는 선인장의 꽃, 교묘하게 속여서 꽃가루를 옮기게끔 하는 난초 꽃 등 식물은 기나긴 세월에 걸쳐 동물과 상호작용을 하면서 온갖 꽃을 만들었다. 그리고 초식동물을 물리치고, 다른 식물이 자라지 못하게 만들고, 불을 일으켜서 숲을 태움으로써 자신의 씨가 자랄 빈터를 마련하는 등 다양한 생존과 번식 전략을 개발해왔다. 물론 곤충을 잡아먹는 식충식물도 있다.

저자는 식물의 이런 다양한 모습들을 통해서 식물이 단순한 존재가 아님을 드러낸다. 식물이 광합성을 통해서 지구의 모든 생물들을 부양한다는 점은 분명하다. 그러나 식물은 수동적인 토대 역할만 하는 것이 아니다. 동물과 경쟁을 벌이고, 속임수도 쓰고, 서식지를 자신에게 유리하게 조성하고, 극단적인 환경 조건에 맞추어 적응하는 등 다양한 수준에서 복잡한 활동을 펼친다. 그런 과정에서 식물이 자신을 위해서 개발한 물질은 우리에게 유용한 약물도 되고 식량도 된다.

저자는 식물이 오랜 진화과정에서 고도로 취약해진 존재가 될 수도 있고, 한편으로 대단히 강인한 존재가 될 수도 있음을 보여준다. 특정한 동물에게 꽃가루받이나 씨 산포를 의지하는 쪽으로 분화한 식물은 환경 변화로 그 동물이 사라지면 함께 사라질 위험에 처한다. 인류에게 별미가 되는 커다란 열매를 만드는 아보카도나 두리안 같은 식물들이 대표적인 사례이다. 그런 식물들은 그 열매를 깨먹고 씨를 퍼뜨리는 몸집이 큰 동물이 사라지면 함께 사라질 가능성이 높다. 반면에 씨 한 알만 싹이 터도 연못 전체를 채울 수 있는 연꽃은 정반대이다. 수천 년 동안 말라붙은 호수 바닥에서 잠자고 있던 연꽃 씨는 여전히 싹을 틔울 능력을 가지고 있다.

저자는 앞으로 우리가 살아남기 위해서는 이렇게 다양한 식물들을 더 깊이 이해할 필요가 있다고 말한다. 제대로 깊이 이해해야 식물을 보호하는 것이 우리가 사는 길이라고 정치와 경제를 담당하는 이들을 설득시킬 수 있기 때문이기도 하지만, 우리가 아직 모르는 식물의 특성이 우리를 위기에서 구원할 수도 있기 때문이다. 인류는 자신이 일으키고 있는 제6의 대량 멸종에 대한 위기를 느끼고 있기 때문에, 그나마 한편으로 종자은행을 만드는 등 식물 자원을 보호하려는 노력을 기울이고 있다. 하지만 저자는 더 중요한 것이 있다고 말한다. 식물이 우리가 필요로 하면 언제든 식량이든 약물이든 제공하고, 또 필요 없다고 내치면 드넓은 땅을 내주는 수동적인 대상이 아니라는 점을 깨달아야 한다는 것이다. 식물이 없으면 인류도 없다는 사실을 말이다.

2013년 7월
이한음

인명 색인